图文中华美学

随园食单

Sui Yuan Shi Dan

【清】袁枚◎著
吴云粒◎译注

图书在版编目（CIP）数据

随园食单 /（清）袁枚 著；吴云粒 译注 . — 北京：东方出版社，2023.12
ISBN 978-7-5207-3184-3

Ⅰ . ①随… Ⅱ . ①袁… ②吴… Ⅲ . ①烹饪 - 中国 - 清前期②食谱 - 中国 - 清前期③菜谱 - 中国 - 清前期 Ⅳ . ① TS972.117

中国国家版本馆 CIP 数据核字 (2023) 第 202791 号

随园食单
（SUIYUAN SHIDAN）

作　　者：（清）袁　枚
译　　注： 吴云粒
责任编辑： 王夕月　柳明慧
出　　版： 东方出版社
发　　行： 人民东方出版传媒有限公司
地　　址： 北京市东城区朝阳门内大街 166 号
邮　　编： 100010
印　　刷： 天津旭丰源印刷有限公司
版　　次： 2023 年 12 月第 1 版
印　　次： 2023 年 12 月第 1 次印刷
开　　本： 650 毫米 ×920 毫米　1/16
印　　张： 18
字　　数： 200 千字
书　　号： ISBN 978-7-5207-3184-3
定　　价： 88.00 元
发行电话：（010）85924663　85924644　85924641

总序

中国文化是一个大故事，是中国历史上的大故事，是人类文化史上的大故事。

谁要是从宏观上讲这个大故事，他会讲解中国文化的源远流长，讲解它的古老性和长度；他会讲解中国文化的不断再生性和高度创造性，讲解它的高度和深度；他更会讲解中国文化的多元性和包容性，讲解它的宽度和丰富性。

讲解中国文化大故事的方式，多种多样，有中国文化通史，也有分门别类的中国文化史。这一类的书很多，想必大家都看到过。

现在呈现给读者的这一大套书，叫作“图文中国文化系列丛书”。这套书的最大特点，是有文有图，图文并茂；既精心用优美的文字讲中国文化，又慧眼用精美图像、图画直观中国文化。两者相得益彰，相映生辉。静心阅览这套书，既是读书，又是欣赏绘画。欣赏来自海内外二百余家图书馆、博物馆和艺术馆的图像和图画。

“图文中国文化系列丛书”广泛涵盖了历史上中国文化的各个方面，共有十六个系列：图文古人生活、图文中华美学、图文古人游记、图文中华史学、图文古代名人、图文诸子百家、图文中国哲学、图文传统智慧、图文国学启蒙、图文古代兵书、图文中华医道、图文中华养生、图文古典小说、图文古典诗赋、图文笔记小品、图文评书传奇，全景式地展示中国文化之意境，中国文化之真境，中国文化之善境，中国文化之美境。

这是一套中国文化的大书，又是一套人人可以轻松阅读的经典。

期待爱好中国文化的读者，能从这套“图文中国文化系列丛书”中获得丰富的知识、深层的智慧和审美的愉悦。

王中江

2023年7月10日

前言

俗话说："民以食为天。"饮食不仅是一种本能，还是一门学问。随着时代更替，各式各样的饮食文化推陈出新，而美食蕴藏的本质意义却从未改变。《随园食单》是清代文学家、美食家袁枚撰写的饮食名著，被海内外美食学家评为中国"食经"。可以说，《随园食单》是一部饮食文化的百科全书。

《随园食单》全书一共分为须知单、戒单、海鲜单、江鲜单、特牲单、杂牲单、羽族单、水族有鳞单、水族无鳞单、杂素菜单、小菜单、点心单、饭粥单和茶酒单。开篇的"须知单"主要描述了烹饪的操作要求，"戒单"则提出了饮食的注意事项。除此之外，全书着重记录了中国 14—18 世纪（元代至清中期）流行的 326 种菜肴，以及各类点心和茶酒。其中菜肴的名目，既有山珍海味，也有粗茶淡饭。在罗列各类佳肴的同时，还详细记述了部分菜品从选材、加工、处理到烹调的一整套流程，为后人研究饮食文化提供了珍贵资料。

袁枚曾在江宁（今南京）小仓山购置了一座废园，将其改名为“随园”，自号“随园老人”。袁枚在随园隐居生活期间，广收各家的美味佳肴，并把自己40年来的美食实践汇总起来，创作了《随园食单》。

《随园食单》的文字通俗易懂，记载的烹饪方法详略得当，使人能够切身感受到美食的独特魅力，体验中国饮食文化的精髓。因《随园食单》全书内容丰富，包罗万象，因本版本篇幅有限，未能一一罗列，为此深表遗憾。由于古今食材分类殊异，加之当代天南地北饮食交汇丰富了人们对美食的认知，本书在保留原作精华的基础上，适当删减或合并了部分章节，并配有三百多幅图片，以图文并茂的形式供读者欣赏。如有不妥之处，欢迎批评指正。

目 / 录

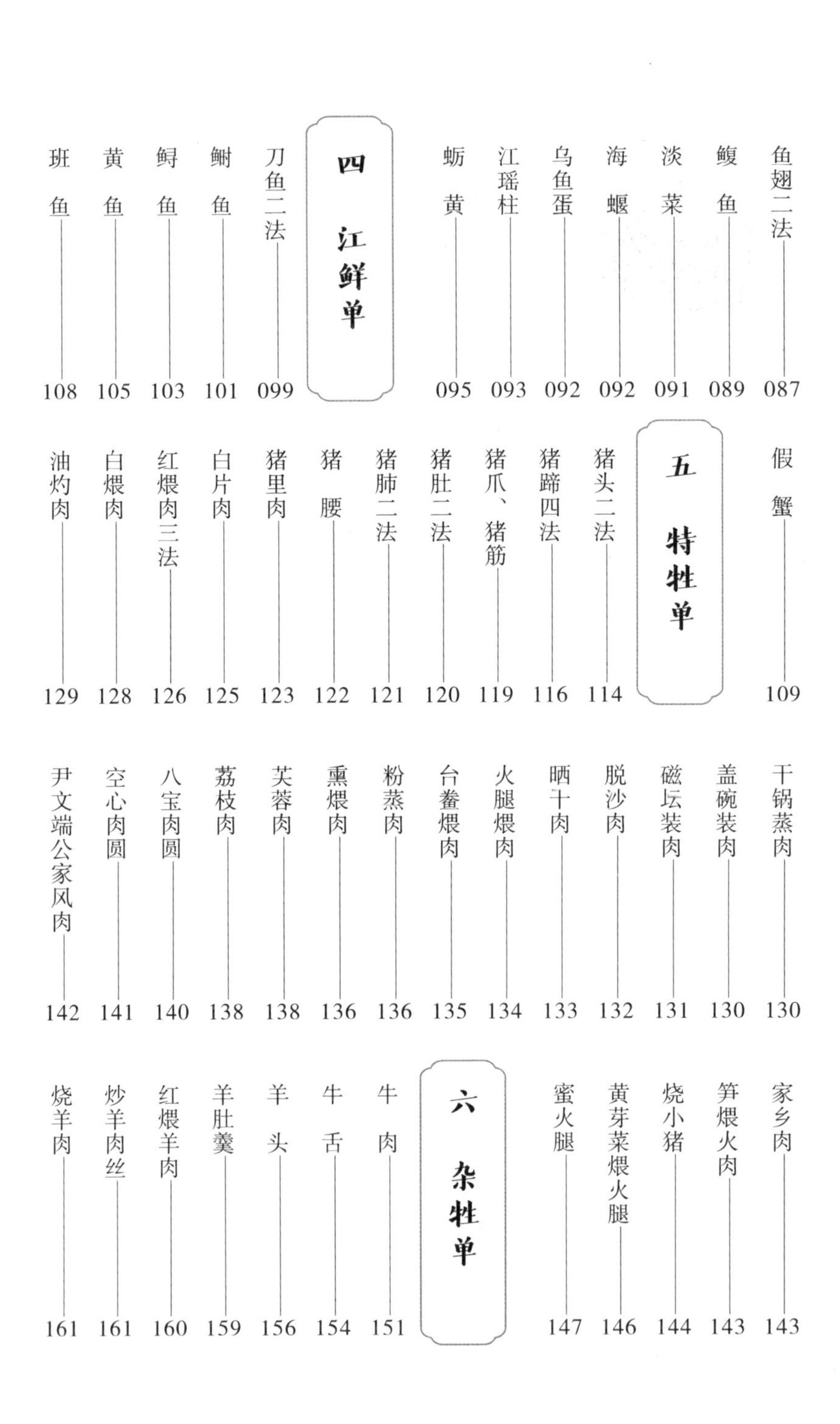

四 江鲜单

五 特牲单

六 杂牲单

九　杂素菜单

十　小菜单

十一 点心单

十二 茶酒单

原文序

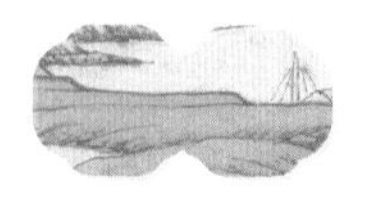

诗人美周公而曰“笾豆有践”[①]，恶凡伯而曰“彼疏斯粺”[②]。古之于饮食也，若是重乎？他若《易》称“鼎烹”[③]，《书》称“盐梅”[④]，《乡党》《内则》琐琐言之。孟子虽贱饮食之人，而又言饥渴未能得饮食之正。可见凡事须求一是处，都非易言。《中庸》曰：“人莫不饮食也，鲜能知味也。”《典论》曰：“一世长者知居处，三世长者知服食。”古人进鬐[⑤]离肺[⑥]，皆有法焉，未尝苟且。“子与人歌而善，必使反之，而后和之。”圣人于一艺之微，其善取于人也如是。

【注释】

① 诗人美周公而曰“笾（biān）豆有践”：周公，姓姬名旦，周文王子，周武王弟，制定了礼乐制度。笾豆有践，出自《诗·豳风·伐柯》：“我觏（gòu）之子，笾豆有践。”意思是男子为了见女子，将盛满食物的器具整齐地摆放在桌上。笾，古代祭祀或宴会时用来盛果实、肉脯的竹器。豆，古代一种形状像高脚盘的食器。践，摆放整齐。

② 恶凡伯而曰“彼疏斯粺（bài）”：凡伯，周公的儿子，受封到“凡”地，人称“凡伯”，他的后代继承爵位，也均称为凡伯。彼疏斯粺：出自《诗经·大雅·召旻》。疏，指的是粗米；粺，指的是精米。

③ 《易》称“鼎烹”：出自《周易》中的卦辞：“鼎：元吉，亨。”意思是大吉。鼎，既是古代一种炊器，又是祭祀神器，也是权力的象征。

④ 《书》称“盐梅”：出自《尚书·说命下》：“若作和羹，尔惟盐梅。”盐梅，用作调料的盐和梅子。

⑤ 鬐（qí）：同“鳍”，这里指的是鱼。

⑥ 离肺：割去牛羊等祭品的肺叶。

【译文】

诗人在赞美周公的时候，说“笾豆有践”，在表达对凡伯的厌恶时，却说“彼疏斯粺”。可见古人在饮食方面，是很重视的。比如《周易》中的烹饪蒸煮之道，《尚书》提及的盐和梅子调味料，《论语·乡党》《礼记·内则》多次提到的饮食细节。孟子虽然蔑视那些讲究吃喝的人，但也说过饥不择食的人是无法明白什么是人间美味的话。由此可见，凡事都要有一个实事求是的标准，绝不能妄下结论。《中庸》说：“只要是人，就没有不吃饭的，但只有少数人能从吃饭中体会到饮食的美味。”《典论》也说：“一代富贵的人家只是为了住好房子，只有富足三代以上的人家才真正懂得饮食之道。”古人对于吃鱼及宰割牛羊肝肺这样的事，都有一套自己的方法，从不敷衍了事。“孔子与他人一起唱歌，如果对方唱得好，就一定要请他再唱一遍，然后应和他。”孔子连这点小事都能体察入微，虚心学习别人身上的优点和长处，实在是难能可贵。

梅子图

选自《花果》册　（清）金农　收藏于美国纽约大都会艺术博物馆

在先秦时期，梅子是和盐、酒齐名的三大调味料，主要是利用梅子的酸来调膻腥味。《尚书·商书·说命下》中记载：“王曰……尔惟训于朕志，若作酒醴，尔惟曲糵；若作和羹，尔惟盐梅。”其中“和羹”“盐梅”，指的是大臣辅佐君主治理朝政。

余雅慕此旨，每食于某氏而饱，必使家厨往彼灶觚[①]，执弟子之礼。四十年来，颇集众美。有学就者，有十分中得六七者，有仅得二三者，亦有竟失传者。余都问其方略，集而存之。虽不甚省记，亦载某家某味，以志景行[②]。自觉好学之心，理宜如是。虽死法不足以限生厨，名手作书，亦多出入，未可专求之于故纸，然能率由旧章[③]，终无大谬。临时治具，亦易指名。

【注释】

① 灶觚（gū）：原是灶口平地突出的地方，这里指厨房。

② 以志景行：出自《诗经·小雅·车舝》：“高山仰止，景行行止。”表达的是崇拜景仰之情。景，景仰。

③ 率由旧章：出自《诗经·大雅·假乐》：“不愆（qiān）不忘，率由旧章。”意思是完全遵照过去的章程办事。率，遵循。

【译文】

我对他们的精神十分敬慕，每当在别人家品尝到美食后，我都会安排家厨去他们的厨房请教技艺。在这四十年的时间里，我广泛地搜集了众多烹饪技巧。其中有些技法一点就通，有些只能掌握六七成，有的只略知二三，也有一些则完全失传了。这些我都尽力去询问和了解，并将它们整理保存下来。虽然对有些烹饪技法不是很了解，但也记下了它们出自哪家哪道菜，以此来表达自己的景仰之情。我认为在寻访的过程中虚心学习，是理应如此的。不过，记录的方法是死板的，厨师却是灵活的，即便是经典的名家之作，也难免会有出错的地方，所以我们没必要完全拘泥于古书中的方法，但如果能遵循书上的步骤而行，也应该不会犯下什么荒谬的大错。至少在临时置办酒席的时候，也可以有章可循。

或曰:“人心不同,各如其面。子能必天下之口,皆子之口乎？”曰:“执柯以伐柯，其则不远[①]。吾虽不能强天下之口与吾同嗜，而姑且推己及物，则食饮虽微，而吾于忠恕之道，则已尽矣。吾何憾哉？”若夫《说郛》[②]所载饮食之书三十余种，眉公[③]、笠翁[④]，亦有陈言。曾亲试之，皆阏[⑤]于鼻而蜇[⑥]于口，大半陋儒[⑦]附会，吾无取焉。

【注释】

① 执柯以伐柯，其则不远：出自《诗·豳风·伐柯》：“伐柯伐柯，其则不远。”大意为做任何事情，都应该遵循相应的规则。伐，砍。柯，斧柄。

② 《说郛（fú）》：明代陶宗仪所编的一部丛书，汇集了秦汉至宋元考古博物、山川风土、虫草鱼木等类别的名家作品。

③ 眉公：指的是陈继儒，字仲醇，号眉公。多才多艺，精书画，擅诗文，喜欢品鉴美食。

④ 笠翁：指的是李渔，字谪凡，号笠翁。著作《闲情偶寄》中有一篇《饮馔部》专讲饮食。

⑤ 阏（è）：阻塞。

⑥ 蜇（zhē）：刺痛。

⑦ 陋儒：对知识略通皮毛的儒生。

【译文】

有人说："人的心思不同，好比相貌各不相同，哪能保证所有人的口味，都与你保持一致呢？"我说："遵循一定的规矩，原则上就不会相差太远。我虽然不能强求所有人的口味与我一样，但也不妨碍将我喜欢的美食与大家分享，而且饮食虽然看起来是一件小事，但从忠恕之道的角度来说，我也会尽心尽力。还有什么可遗憾的呢？"《说郛》上记载了三十多种饮食书籍，陈继儒、李渔也有这类饮食方面的著述。我曾自己尝试照本烹饪过，都是些刺鼻且口味不佳的菜肴，多半都是一些学识浅薄的书生所写的牵强之作，所以在本书中并没有选用。

战国瓦纹豆盖
收藏于中国台北故宫博物院

《礼记·礼器》中记载："礼有以多为贵者，天子之豆二十有六，诸公十有六，诸侯十有二，上大夫八，下大夫六。"其中的"豆"既是一种食器，可以盛放腌菜、肉酱和调料品，还是一种祭祀礼器，对不同的身份有专门的规定限制。

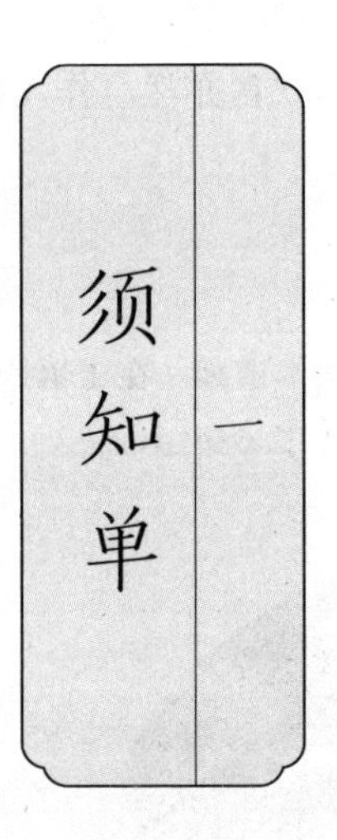
一
须知单

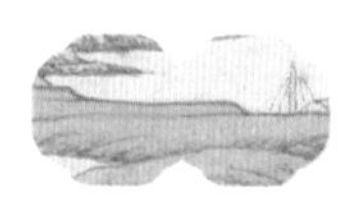

学问之道，先知而后行，饮食亦然。作《须知单》。

【译文】

学问的根本道理，在于悟透后的学以致用，饮食也是一样。所以制作了《须知单》。

《随园湖楼请业图》

（清）尤诏、汪恭　收藏于上海博物馆

袁枚晚年自号随园主人，图中描绘的是袁枚在杭州西湖边居住时，众多女弟子前去湖楼举办诗会的场景。

先天须知

凡物各有先天，如人各有资禀[①]。人性下愚，虽孔、孟教之，无益也。物性不良，虽易牙[②]烹之，亦无味也。指其大略：猪宜皮薄，不可腥臊；鸡宜骟嫩[③]，不可老稚；鲫鱼以扁身白肚为佳，乌背者，必崛强[④]于盘中；鳗鱼以湖溪游泳为贵，江生者，必槎丫[⑤]其骨节；谷喂之鸭，其膘肥而白色；壅土[⑥]之笋，其节少而甘鲜；同一火腿也，而好丑判若天渊；同一台鲞[⑦]也，而美恶分为冰炭。其他杂物，可以类推。大抵一席佳肴，司厨之功居其六，买办之功居其四。

【注释】

① 资禀（bǐng）：天资、本性。

② 易牙：或称狄牙，春秋时期著名的厨师，擅长烹调。

③ 骟（shàn）嫩：阉割完成的嫩鸡。

④ 崛强：这里是指僵直生硬。

⑤ 槎（chá）丫：错综复杂，像树枝一样分杈。此处形容鱼刺杂乱。

⑥ 壅土：堆积的泥土，这里指沃土。笋，刚从土里长出的竹子嫩芽，味道鲜美，营养丰富。

⑦ 台鲞：指的是浙江台州一带盛产的各类鱼干。鲞，指的是开膛破肚后的鱼干。

孔子与他的弟子们

选自《养正图》册　（清）冷枚　收藏于故宫博物院

孔子，名丘，字仲尼，春秋时期著名的政治家、思想家、教育家。春秋以前，因只有贵族才能接受教育，所以孔子开办私学，提倡“有教无类”，给普通人讲习经学。袁枚曾说：“凡物各有先天，如人各有资禀。”而孔子也知此道理，在教学方法上实行因材施教，根据学生不同的禀赋，施以不同的教育。他门下的弟子中，愚笨的高柴成为有品德的人，迟钝的曾参成为大儒，鲁莽的子路成为君子。

【译文】

不同的事物都有自己的先天特点，就像不同的人都具有各自不同的天赋。若是碰上一个笨拙的人，就算是孔子、孟子亲自指教，也很难成器。同样的道理，如果食物的原料低劣，就算把它交给著名的厨师易牙，也很难烹饪出美味来。以食物的基本特点来说：选猪肉就要选皮薄的，不能有腥臊味；鸡肉最好选择被阉割过的鸡，太老太嫩都不行；鲫鱼以身子扁、肚皮白为最佳，黑色背的鲫鱼，僵硬地放置在盘子里，品相也不好；鳗鱼以生活在湖水和溪水里的最佳，如果生长在江里，骨刺就会多如树杈；用稻谷喂的鸭子，肉质白嫩肥美；在肥沃土壤中长出的竹笋，不但节少，而且味道甘甜鲜美；同样一种火腿，其优劣照样有天壤之别；同样是产自浙江台州的鱼，其味道差别有如冰和炭；其他食物也是一样，都可以以此类推。所以但凡一桌好菜肴，厨师的手艺占六成，采购食物的人则占了四成。

作料须知

厨者之作料，如妇人之衣服首饰也。虽有天姿，虽善涂抹，而敝衣蓝缕[①]，西子[②]亦难以为容。善烹调者，酱用伏酱[③]，先尝甘否；油用香油，须审生熟；酒用酒酿，应去糟粕；醋用米醋，须求清冽[④]。且酱有清浓之分，油有荤素之别，酒有酸甜之异，醋有陈新之殊，不可丝毫错误。其他葱、椒、姜、桂、糖、盐，虽用之不多，而俱宜选择上品。苏州店卖秋油[⑤]，有上、中、下三等。镇江醋颜色虽佳，味不甚酸，失醋之本旨矣。以板浦[⑥]醋为第一，浦口[⑦]醋次之。

【注释】

① 蓝缕：同“褴褛”，专指衣服破旧不堪的样子。

② 西子：春秋时期越国的美女西施。

③ 伏酱：专指三伏天制作的酱油和酱料，发酵充分，质量绝佳。

④ 清洌（liè）：清爽，纯正。

⑤ 秋油：古人在三伏天时晒酱，到了秋天成熟的时候，提取的第一批酱油就叫“秋油”。

⑥ 板浦：今江苏省灌云县板浦镇。

⑦ 浦口：今江苏省南京市一带。

葱

选自《金石昆虫草木状》明彩绘本 （明）文俶 收藏于中国台北“中央图书馆”

葱是菜肴中常见的调味品，诗人陆游曾作诗《葱》来赞美，诗曰：“瓦盆麦饭伴邻翁，黄菌青蔬放箸空，一事尚非贫贱分，芼羹僭用大官葱。”此外，葱因水嫩白净，也常用来比喻妙龄女子的手指，如白居易的诗句“双眸剪秋水，十指剥春葱。”

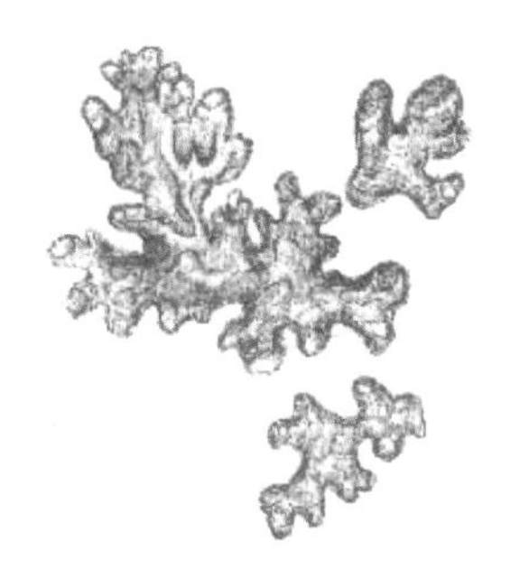

姜

选自《金石昆虫草木状》明彩绘本 （明）文俶 收藏于中国台北“中央图书馆”

姜不仅是一种调味品，还能驱寒除湿。明代徐霞客经常在野外露宿，据《徐霞客游记》记载，每当他感染风寒时，便会“饮姜汤一大碗，重被袭衣覆之；汗大注，久之乃起，觉开爽矣。”

【译文】

厨师所用的作料，犹如女人穿戴的衣服和首饰。有些女子虽然美若天仙，也善于用脂粉装饰自己，但倘若有一天身上穿得破破烂烂，即便是西施也看不出一点美来。善于烹调的人，使用酱料一定会选夏季三伏天制作的，而且还要先品尝其味道是否甘甜；油除了要用香油以外，还要分辨出它是生油还是熟油；酒要用发酵的酿制酒，还要把所有的糟粕过滤出去；醋选用的是米醋，质地一定要清爽纯正。而且酱料有清浓之分，油有荤素的差别，酒有酸甜的差异，醋也有陈新的区分，这些在使用上不可以有一丝一毫的差错。其他的比如葱、椒、姜、桂皮、糖、盐，即便用得不多，也要选择最好的材料。苏州店铺卖的秋油，有上、中、下三个不同的等级。镇江的醋颜色虽好，但酸味不足，失去了醋的重要特征。醋以板浦产的最佳，浦口的醋次之。

洗刷须知

洗刷之法，燕窝[①]去毛，海参[②]去泥，鱼翅[③]去沙，鹿筋[④]去臊。肉有筋瓣，剔之则酥；鸭有肾臊[⑤]，削之则净；鱼胆破，而全盘皆苦；鳗涎[⑥]存，而满碗多腥；韭删叶而白存，菜弃边而心出。《内则》曰："鱼去乙[⑦]，鳖去丑[⑧]。"此之谓也。谚云："若要鱼好吃，洗得白筋出。"亦此之谓也。

【注释】

① 燕窝：指部分雨燕和金丝燕分泌的唾液，再混合其他物质所筑成的巢穴。是高级滋补品。

② 海参：属棘皮海洋动物，在各类山珍海味中位尊“八珍”，具有补益养生功能。

③ 鱼翅：又称鲛鱼翅，品种多样，被认为富含营养，是山珍海味的一种。其俗今所不倡。

④ 鹿筋：梅花鹿或马鹿四肢的筋，是一种贵重药材。古人认为有补阳壮骨的功效。

⑤ 肾臊：雄鸭的睾丸。

⑥ 鳗涎：鳗鱼身体表面的一层黏液，腥味浓。

⑦ 乙：这里指鱼的颊骨，也有说法为鱼的肠子。

⑧ 丑：这里指动物的肛门。

【译文】

清洗食材要讲究方式，燕窝需要去除其中的毛，海参需要洗掉附着的泥沙，鱼翅要刷去黏滞的沙子，鹿筋要去除里面的腥臊味。肉上有筋瓣的，一定要用刀剔除干净才会酥软；鸭子的睾丸腥臊味很重，但只要削掉就会变得很干净；鱼胆破了，整盘菜肴都会发苦；如果鳗鱼身上的黏液有残留，那么整碗食物都会有一股腥味；韭菜要去掉叶子并保留白嫩的部位，白菜要摘去边叶而把菜心留下来。《礼记·内则》中说：“鱼要剔除颊骨，鳖要剪掉肛门。”讲的也是食材洗刷之法。谚语说：“如果想要鱼好吃，就一定要将它们清洗得看见白筋。”讲的也是这个道理。

调剂须知

调剂之法，相①物而施②。有酒、水兼用者，有专用酒不用水者，有专用水不用酒者；有盐、酱并用者，有专用清酱不用盐者，有用盐不用酱者；有物太腻，要用油先炙③者；有气太腥，要用醋先喷者；有取鲜必用冰糖者；有以干燥为贵者，使其味入于内，煎炒之物是也；有以汤多为贵者，使其味溢于外，清浮之物是也。

【注释】

① 相：依照，根据。

② 施：实施，运作。

③ 炙：煎烤。

制醋图

选自《本草品汇精要》明彩绘本　（明）刘文泰等

图中描绘的是古人酿醋的过程。古人称醋为“酰”。

【译文】

调味的方法，要根据不同的菜品而定。有的菜品既要用酒，又要用水，有的菜品只需要用酒不需要用水，有的菜品只需要用水不需要用酒；有的菜品盐和酱油要一起用，有的只需要用清酱而不需要放盐，有的只需要用盐而不放酱油；有的食物很油腻，需要先煎烤一下；有的食物腥臊味严重，就需要用醋喷洒除腥；有的菜肴为了提鲜要放冰糖调味；有的食物烧干一点最好，能让味道渗透进食物，煎炒的食物是这样；有的菜汤多最好，这样能使味道发散出来，多用于烹饪一些质地清爽也很容易浮在汤面上的食物。

配搭须知

谚曰："相女配夫。"《记》曰："儗人必于其伦。"[①]烹调之法，何以异焉？凡一物烹成，必需辅佐。要使清者配清，浓者配浓，柔者配柔，刚者配刚，方有和合之妙。其中可荤可素者，蘑菇、鲜笋、冬瓜是也。可荤不可素者，葱、韭、茴香、新蒜是也。可素不可荤者，芹菜、百合、刀豆是也。常见人置蟹粉于燕窝之中，放百合于鸡、猪之肉，毋乃唐尧[②]与苏峻[③]对坐，不太悖[④]乎？亦有交互见功者，炒荤菜，用素油，炒素菜，用荤油是也。

【注释】

① 《记》曰："儗（nǐ）人必于其伦"：出自《礼记·曲礼下》。意思是判断一个人品行的优劣，就要站在与之同类人的角度上比较。儗，通"拟"，比较。伦，同辈，同类。

② 唐尧：古代传说中的尧帝，号陶唐氏。

③ 苏峻：字子高，原是西晋将军，后成为叛臣。

④ 悖（bèi）：任性，荒谬。

【译文】

有句谚语说得好："要根据女人的自身情况来选择合适的丈夫。"《礼记》上说："判断一个人的优劣，就要比较与他同类同辈的人。"烹调的方法，不也是同样的道理吗？若要烹制一道理想的菜肴，就必须配备合适的辅料。清淡的菜要配备清淡的辅料，浓郁的菜要配上浓郁的辅料，柔软的菜需要配以柔软的辅料，刚烈的菜需要配以刚烈的辅料，这样才能做出最美味的菜肴。有些食材可以荤烧也可以素烧，比如蘑菇、鲜笋、冬瓜等。有的可荤烧不可素烧，如葱、韭、茴香、生蒜等。有的可素烧不可荤烧，如芹菜、百合、刀豆等。我经常看见有人将蟹粉放进燕窝里，将百合与鸡肉、猪肉一同烹煮，这就好比让唐尧与苏峻对坐，实在是太荒谬了。但也有荤素互用效果非常好的，比如炒荤菜用素油，炒素菜用荤油。

帝尧像

选自《历代帝王圣贤名臣大儒遗像》册 （清）佚名 收藏于法国国家图书馆

帝尧，传说中父系氏族的部落联盟领袖。相传尧为龙所化，借助滴水潭的灵气发展农业，还将挑选的精粮放入潭中浸泡，然后去除杂质，提炼出清澈纯净的祈福之水。人们将其取名为"醪"，即未过滤的酒。

独用须知

味太浓重者，只宜独用，不可搭配。如李赞皇[①]、张江陵[②]一流，须专用之，方尽其才。食物中，鳗也，鳖也，蟹也，鲥鱼也，牛羊也，皆宜独食，不可加搭配。何也？此数物者味甚厚，力量甚大，而流弊[③]亦甚多，用五味调和，全力治之，方能取其长而去其弊。何暇舍其本题，别生枝节哉？金陵[④]人好以海参配甲鱼[⑤]，鱼翅配蟹粉，我见辄[⑥]攒[⑦]眉。觉甲鱼、蟹粉之味，海参、鱼翅分之而不足；海参、鱼翅之弊，甲鱼、蟹粉染之而有余。

【注释】

① 李赞皇：即李德裕，字文饶。两度任唐代宰相，政绩卓越，后世称赞皇公。

② 张江陵：即张居正，字叔大，号太岳。明万历时期内阁首辅。

③ 流弊：缺陷，缺点。

④ 金陵：今江苏省南京市。

⑤ 甲鱼：俗称鳖，营养丰富，有“美食五味肉”之称。

⑥ 辄：总是，就。

⑦ 攒眉：皱眉。攒，皱。

【译文】

对于那些味道太浓烈的食材，只适合单独使用，绝对不可以与其他食物进行搭配。这就好比李德裕、张居正这一类人，只有单独使用，才能充分发挥出他们的才干。在食物中，鳗鱼、鳖、螃蟹、鲥鱼、牛羊肉，都应该是单独食用的，不可以与其他的食材一起搭配。为什么呢？因为这些食物的味道很浓厚，可以单独成为一道菜，但是缺点也不少，需要用五味来调和，精心地进行调制，这样才能发挥它的优点而去除不正的味道。怎能顾得上舍弃其本味而节外生枝？南京人青睐用海参配甲鱼，鱼翅配蟹粉，我见了眉头都要皱起来。总觉得甲鱼、蟹粉的味道，会被海参和鱼翅分掉而显得味道不足；海参和鱼翅的缺点，则是很容易和甲鱼、蟹粉一起烹饪的时候串味。

担酒牵羊贺喜

选自《清国京城市景风俗图》册　（清）佚名　收藏于法国国家图书馆

羊肉的膻味大，通常要用酒来除味，如此还能提鲜。

火候须知

熟物之法，最重火候。有须武火[①]者，煎炒是也，火弱则物疲[②]矣。有须文火者，煨煮[③]是也，火猛则物枯矣。有先用武火而后用文火者，收汤之物是也；性急则皮焦而里不熟矣。有愈煮愈嫩者，腰子、鸡蛋之类是也。有略煮即不嫩者，鲜鱼、蚶[④]、蛤[⑤]之类是也。肉起迟则红色变黑，鱼起迟则活肉变死。屡开锅盖，则多沫而少香。火息再烧，则走油而味失。道人以丹成九转为仙，儒家以无过、不及为中。司厨者，能知火候而谨伺[⑥]之，则几于道矣。鱼临食时，色白如玉，凝而不散者，活肉也；色白如粉，不相胶粘者，死肉也。明明鲜鱼，而使之不鲜，可恨已极。

【注释】

① 武火：此概念源自中医，指的是火候掌握。武火，指的是大火。亦有文火，指的是小火或微火。

② 疲：疲疲沓沓的样子。

③ 煨（wēi）煮：用文火慢慢煮。

④ 蚶（hān）：软体动物，壳厚且坚硬，有补气养血、温中健胃的功效。

⑤ 蛤（gé）：即蛤蜊，无脊椎贝类动物，营养丰富。

⑥ 谨：谨慎，小心翼翼。伺：把握，控制。

【译文】

烹调食物时，最看重的就是火候。有的需要大火，比如煎、炒等，如果火小，食物就会疲疲沓沓。有的则需要小火，比如煨、煮等，如果火大，食物就会被烧干。有的菜要先用大火再用小火，比如需要收汤汁的食物；如果这个时候太性急，就会导致表皮烧焦但里头的肉不熟。而有些菜是越煮越嫩的，比如腰子、鸡蛋等。有些菜稍微煮一下就会变老，如鲜鱼、蚶、蛤之类。烹制肉类，一旦起锅迟了，肉质就会由红色变为黑色，而烹鱼起锅晚了，鲜嫩的鱼肉便会成为死肉。如果在烹饪的时候多次揭开锅盖，就会出现沫多而香味少的现象。如果中途熄火又重新烧，就会出现走油而失去原味的问题。道士炼丹是为了九转成仙，儒家则但求无过，将万事皆不过分奉为中庸。厨师能了解火候且谨慎掌控，那就算掌握其中的烹饪要领了。鱼上桌的时候，颜色犹如白玉，凝结而不散，这就是肉质鲜嫩的活肉之鱼；如果肉质色白如粉，鱼肉散开，那就成为死肉之鱼了。明明是肉质鲜嫩的鱼，却硬是把它做成肉质不鲜嫩的东西，真是太可恨了。

▼《求仙图》
郭诩（明）　收藏于上海博物馆

古代道教以羽化登仙、长生不老为最终目标，炼丹术一时兴起。炼丹主要用的器具，也从土釜、铁釜，逐渐发展为水火鼎。清代雍正皇帝热衷炼丹之术，还写过一首《烧丹》诗：“铅砂和药物，松柏绕云坛。炉运阴阳火，功兼内外丹。光芒冲斗耀，灵异卫龙蟠。自觉仙胎熟，天符将紫鸾。”

黄羊祀灶

选自《饯腊迎祥》册　（清）董诰　收藏于中国台北故宫博物院

清代中后期开始，腊月二十三要祭灶祈福，北方也叫作过小年。而在古代，黄羊是难得的珍品，所以多用来祀灶。清代章乃炜的《清宫述闻》中就记载道：“每年腊月祭灶神，需用黄羊二只，咨呈内务府办理应用。”

色臭须知

目与鼻，口之邻也，亦口之媒介也。嘉肴到目、到鼻，色臭[①]便有不同。或净若秋云，或艳如琥珀[②]，其芬芳之气，亦扑鼻而来，不必齿决[③]之，舌尝之，而后知其妙也。然求色不可用糖炒，求香不可用香料。一涉粉饰，便伤至味。

【注释】

① 色臭：指菜肴的色泽和气味。

② 琥珀：一种质地晶莹透明的生物化石。

③ 齿决：用牙齿咬断东西。

【译文】

眼睛和鼻子，都是嘴巴的邻居，也是为嘴巴传递信息的媒介。一道美味佳肴从眼睛到鼻子，它在色泽和气味上给人的感觉都是不同的。有的菜肴犹如秋云一样明净，有的菜肴犹如琥珀一般艳丽，其散发的芬芳气息，扑鼻而来，根本不需要用牙咬，也无须用舌头尝，就知道这是一道美味的好菜。但如果想使一道菜颜色鲜艳，就不要用糖来炒，想使一道菜的味道鲜香，就不要用香料提味。刻意地雕琢粉饰，就会伤及食材原有的味道。

迟速须知

凡人请客，相约于三日之前，自有工夫平章[①]百味。若斗然客至，急需便餐，作客在外，行船落店，此何能取东海之水，救南池之焚乎？必须预备一种急就章[②]之菜，如炒鸡片、炒肉丝、炒虾米豆腐，及糟鱼[③]、茶腿[④]之类，反能因速而见巧者，不可不知。

【注释】

① 平章：准备和处理。

② 急就章：亦作《急就篇》，出自西汉史游编写的儿童识字课本。后借喻为仓促地完成文章或工作。

③ 糟鱼：用酒糟腌制的鱼。

④ 茶腿：指的是火腿。

【译文】

平常人请客，往往在三天前就已经约好了，这样就有充分的时间准备各种食材和菜品。如果遇到客人突然而至，需要加急准备便饭，或是客人在外，乘船住店，又怎么能用东海的水去救南海的火呢？所以必须预备一些应急的菜，比如炒鸡片、炒肉丝、炒虾米豆腐，以及糟鱼、火腿之类的，这些能迅速做成并且精巧的菜肴，是厨师们不可不知的。

变换须知

一物有一物之味，不可混而同之。犹如圣人设教[①]，因才乐育，不拘一律。所谓君子成人之美也。今见俗厨，动以鸡、鸭、猪、鹅，一汤同滚，遂令千手雷同，味同嚼蜡。吾恐鸡、猪、鹅、鸭有灵，必到枉死城[②]中告状矣。善治菜者，须多设锅、灶、盂[③]、钵[④]之类，使一物各献[⑤]一性，一碗各成一味。嗜者舌本应接不暇，自觉心花顿开。

【注释】

① 设教：施教、执教。

② 枉死城：出自我国古代神话传说及地狱奇书《玉历宝钞》，书中描述枉死城是地藏王菩萨为收留含冤而死的鬼魂，在地狱中创造的一座城市。

③ 盂（yú）：盛汤或饭食的圆口器皿。

④ 钵（bō）：敞口器皿。形状似盆，较小，用来盛饭、菜、茶水等。

⑤ 献：呈现。

【译文】

每一种食材都有自己独特的味道，绝对不可以混同在一起。如同圣人向学生传授学问，总是要讲究因材施教，不能拘泥在一个格式里。这就是人们常说的君子有成人之美。可如今我总是能看到一些庸俗的厨师，动不动就把鸡、鸭、猪、

西周青铜鬲

由陶鬲发展而来，用于蒸煮，多用来煮肉。外表与鼎相近，三足中空。

商代青铜鬲鼎

鼎是西周时期，贵族宴饮和祭祀时常用的礼器之一，常常与簋搭配使用，有着严格的等级之分。周礼规定的“九鼎八簋”制度为：天子九鼎八簋，诸侯七鼎六簋，大夫五鼎四簋，士三鼎二簋。因其数量多少直接反映等级高低，所以“问鼎”一词也成为觊觎权力的象征。

战国夔纹耳甑

甑是古代的蒸食用具，类似现今的蒸笼，底部多孔眼，方便蒸气透过孔眼将食物蒸熟。

鹅放在一个锅里煮，所以做出来的菜味道都差不多，就像吃蜡一样。我猜想如果鸡、猪、鹅、鸭这些动物真有灵魂的话，它们一定会跑到枉死城中去申冤。善于做菜的人，必须多准备锅、灶、盂、钵等器具，这样才能使每种食物都呈现独有的味道，每个碗里都各具特色。喜欢美食的人能接连不断地享受美味，自然会产生一种心花怒放的感觉。

器具须知

古语云：美食不如美器。斯语是也。然宣、成、嘉、万①，窑器太贵，颇愁损伤，不如竟②用御窑③，已觉雅丽。惟是宜碗者碗，宜盘者盘，宜大者大，宜小者小，参错其间，方觉生色。若板板④于十碗八盘之说，便嫌笨俗。大抵物贵者器宜大，物贱者器宜小。煎炒宜盘，汤羹宜碗，煎炒宜铁锅，煨煮宜砂罐。

【注释】

① 宣、成、嘉、万：指明代宣德、成化、嘉靖、万历四朝。

② 竟：全部。

③ 御窑：专门生产御用瓷器的机构，由宋代官窑发展而来。

④ 板板：呆板，不知变通。

【译文】

古语说：美食不如美器。这句话说得实在太对了。然而明代宣德、成化、嘉靖、万历年间的瓷器太珍贵，使用的时候总担心会磕碰受损，倒不如用那些官窑烧制的瓷器，成色也很清雅漂亮。只是应该使用碗的时候就使用碗，应该使用盘子的时候就使用盘子，应该使用大器具的时候就使用大器具，应该使用小器具的时候就使用小器具，这些器具井然有序地摆在宴席上，才能最大限度地为佳肴增色。如果呆板地用十碗八盘的方式操办，就会显得又笨拙又俗气。通常来说，珍贵的食物适宜用大的食器，普通的食物适宜用小的食器。煎炒出来的菜适合用盘装，汤羹之类的菜适合用碗装，煎炒的菜肴适合用铁锅，煨煮炖汤适合用砂罐。

清代赤金錾花餐具

收藏于故宫博物院

餐具由碟、小碟、单耳杯、叉、勺、箸组成。色泽黄亮，纹饰精美。其主人应该是末代皇帝溥仪。因其喜好奢侈，常将宫中珍宝放给银行抵押，以此换取钱财。这套餐具便是其中之一。

上菜须知

上菜之法，盐者宜先，淡者宜后；浓者宜先，薄[①]者宜后；无汤者宜先，有汤者宜后。且天下原有五味[②]，不可以咸之一味概之。度客食饱，则脾困矣，须用辛辣以振动[③]之；虑客酒多，则胃疲矣，须用酸甘以提醒[④]之。

【注释】

① 薄：味道清淡。

② 五味：指的是酸、苦、甘、辛、咸五种味道。

③ 振动：刺激。

④ 提醒：这里指的是提神醒酒。

【译文】

上菜的方法，一般是咸味的要先上，清淡的要后上；味浓的要先上，味淡的要后上；无汤的要先上，有汤的要后上。

清代银烧蓝暖酒壶
收藏于故宫博物院

银质壶，由内壶和外套两部分组成，外套的六个面分别刻画着梅、兰、竹、菊、荷花等纹样。里面盛装热水，可以保温。

而且天下的菜肴原本就有五种味道，绝不可以只用一个咸的味道来概括。如果感觉客人吃饱了，脾脏会觉得乏倦，那就要用一些辛辣的菜品去刺激他们的食欲；如果考虑到客人酒喝多了，胃已经开始疲累，那就要用一些酸甜的菜肴来帮助他们提神醒酒。

时节须知

夏日长而热，宰杀太早，则肉败矣。冬日短而寒，烹饪稍迟，则物生矣。冬宜食牛羊，移之于夏，非其时也。夏宜食干腊[①]，移之于冬，非其时也。辅佐之物，夏宜用芥末[②]，冬宜用胡椒[③]。当三伏天而得冬腌菜，贱物也，而竟成至宝矣。当秋凉时而得行鞭笋[④]，亦贱物也，而视若珍羞[⑤]矣。有先时而见好者，三月食鲥鱼是也。有后时而见好者，四月食芋艿[⑥]是也。其他亦可类推。有过时而不可吃者，萝卜过时则心空，山笋过时则味苦，刀鲚[⑦]过时则骨硬。所谓四时之序，成功者退，精华已竭，褰裳[⑧]去之也。

【注释】

① 干腊：指的是寒冬腊月经过腌制加工后的各种肉类食材。

② 芥末：一种辛辣的调味品。微苦，有独特的芳香。

③ 胡椒：多用作香料和调味料，种类有黑胡椒、白胡椒等。

④ 行鞭笋：鞭笋指的是竹鞭，即竹子的地下茎。因其总在土中横向穿行，所以起名为行鞭笋，江浙一带称鞭笋。

⑤ 珍羞：同“珍馐（xiū）”，指的是珍奇名贵的食材。

⑥　芋艿（nǎi）：即芋头，既可以作为蔬菜和杂粮使用，也可以制作淀粉、制醋、酿酒。江浙一带延用此称谓。

⑦　刀鲚（jì）：又称刀鱼，是一种名贵的洄游鱼类。

⑧　褰（qiān）裳：撩起衣裳。褰，用手提起，撩起。

【译文】

夏季的白天很长而且气候炎热，如果牲畜禽类宰杀太早，肉质就容易腐烂变质。冬季白天短而且十分寒冷，若是烹饪的时间短，菜肴就不易熟。冬天适合吃牛羊肉，若改在夏天去吃，就不合时宜。夏天适合吃干腊食品，若是改为冬天吃，也不合适宜。对于调料和辅料来说，夏季应当用芥末，冬季应当用胡椒。冬天腌制的咸菜虽然不值钱，但到了三伏天能吃到，也算是菜肴中的珍宝了。竹鞭笋本来也算不上值钱，但到了秋凉的时候能吃到，也会被看作是上等的好菜。有的食物早于季节食用会更好，如三月吃鲥鱼。有的食物晚于季节食用更好，比如四月吃芋艿。其他的也可以此类推。有些食物过了时节就不能再食用了，例如萝卜过时就会空心，山笋过时就会发苦，刀鱼过时骨头就会变硬。正所谓万物生长都依照四个季节，食材的旺盛季节一过，精华就不存在了，食材本身的光彩也会随之失去。

▶ 腊月赏雪（局部）

选自《雍正十二月令圆明园行乐图》册　（清）郎世宁　收藏于故宫博物院

腊月是农历十二月，因这个月的气候最适合制作腊味，所以也叫作“腊月”。据记载，雍正帝举行祭祀大典，回宫后召见四子弘历，赏赐了他三块腊肉，弘历便明白了父亲想传位于他的意图。

多寡须知

用贵物宜多，用贱物宜少。煎炒之物多，则火力不透，肉亦不松。故用肉不得过半斤，用鸡、鱼不得过六两[①]。或问：“食之不足，如何？”曰：“俟[②]食毕后另炒可也。”以多为贵者，白煮肉，非二十斤以外，则淡而无味。粥亦然，非斗米则汁浆不厚。且须扣[③]水，水多物少，则味亦薄矣。

【注释】

① 六两：古代十六两为一市斤。因此有“半斤八两”的说法。

② 俟（sì）：等待。

③ 扣：按照一定数量，不能超额。

【译文】

菜肴中的贵重原料要多放一些，便宜原料要尽可能少放。煎炒的菜放的原料很多，如果火力达不到的话，肉质很难酥嫩松软。所以一盘菜的猪肉用量不可以超过半斤，鸡肉、鱼肉不应超过六两。或许有人会问：“不够吃怎么办？”这时只需回答：“吃完后再另炒一盘就是了。”有的菜，必须原料数量多才好吃，比如白煮肉，如果没有二十斤以上，就一定会平淡无味。煮粥也是如此，如果米不到一斗，浆液就不够浓稠。另外还要控制好水的分量，如果水多米少，味道就会淡。

用纤须知

俗名豆粉为纤[①]者，即拉船用纤也，须顾名思义。因治肉者要作团而不能合，要作羹而不能腻，故用粉以牵合之。煎炒之时，虑肉贴锅，必至焦老，故用粉以护持之。此纤义也。能解此义用纤，纤必恰当，否则乱用可笑，但觉一片糊涂。《汉制考》齐呼曲麸为媒[②]，媒即纤矣。

【注释】

① 纤：同“芡”，即烹调时勾芡用的淀粉，也可以直接叫淀粉或者豆粉。

② 《汉制考》齐呼曲麸（fū）为媒：《汉制考》是由南宋学者王应麟撰写的书籍。曲麸，即麸曲，可与酵母混合，用来发酵产酒。

酿酒图

选自《本草品汇精要》明彩绘本（明）刘文泰等

酒曲是酿酒必不可少的原材料，分为大曲、小曲、红曲、麦曲、麸曲等。书中提到的麸曲是以麸皮为原料，与酵母菌混合后进行酒精发酵而成的，具有发酵时间短、产酒率高的优点。

【译文】

豆粉的俗名为“纤”，意思是拉船要用纤绳，需要顾名思义。因为制作肉团时不易黏合，做汤羹的时候不够黏稠，所以都要用豆粉来进行混合。煎炒肉食的时候，会担心肉贴到锅底，这样肉就会变焦变老，所以也可以用豆粉来隔离保护它。这就是使用豆粉的意义所在。如果能够充分理解豆粉的用处，就一定可以得心应手，否则不合章法地乱用，只会贻笑大方，觉得菜品一塌糊涂。古书《汉制考》将曲麸取名为媒，媒就是现在所说的豆粉。

选用须知

选用之法，小炒肉用后臀，做肉圆用前夹心，煨肉用硬短勒[①]。炒鱼片用青鱼、季鱼，做鱼松用鲜鱼[②]、鲤鱼。蒸鸡用雏鸡，煨鸡用骟鸡，取鸡汁用老鸡；鸡用雌才嫩，鸭用雄才肥；莼菜[③]用头，芹韭用根。皆一定之理。余可类推。

【注释】

① 硬短勒：指的是猪肋条骨下面的板状肉，又称为五花肉。

② 鲜（hùn）鱼：一种草鱼，属于淡水鱼。

③ 莼（chún）菜：多年生水生草本植物，根茎小，茎细长，叶呈椭圆状，浮于水面，嫩叶可作汤羹。

【译文】

选用食材的方法，如小炒肉要选用后臀尖上的肉，做肉

管仲像

选自《古圣贤像传略》清刊本
（清）顾沅\辑录，（清）孔莲卿\绘

管仲，名夷吾，春秋时期法家代表人物。为了强国富兵，管仲向齐桓公提出富国之策，就是依靠大海生产盐。因为盐是人类生活的必需品，煮海水得到盐之后，可以向人们征税。如果把盐全部收归国家专卖，向百姓多征收一些税，国家的收入将会呈百倍增长。

颜真卿像

选自《古圣贤像传略》清刊本
（清）顾沅\辑录，（清）孔莲卿\绘

颜真卿，字清臣，唐代名臣、大书法家。天宝年间，河北三郡遭叛军攻打，一时间军费枯竭。任职平原太守的颜真卿采纳部下建议，下令收购民间生产的食盐，并在黄河沿岸统一出售，所获利润上缴朝廷，成功解决了军费问题。

丸要选择前夹心上的肉，炖肉要用肋骨下的五花肉。炒鱼片多半要选择青鱼、季鱼，做鱼松最好用鲜鱼、鲤鱼。蒸鸡要选雏鸡，炖鸡要选阉过的鸡，煮鸡汤要用老母鸡；鸡用母的最嫩，鸭用公的最肥；莼菜用头上的嫩叶，芹菜、韭菜则用根茎。这些都是食料基本的选用方法。其他的也可以此类推。

疑似须知

味要浓厚，不可油腻；味要清鲜，不可淡薄。此疑似之间，差之毫厘，失以千里。浓厚者，取精多而糟粕去之谓也。若徒[①]贪肥腻，不如专食猪油矣。清鲜者，真味出而俗尘无之谓也。若徒贪淡薄，则不如饮水矣。

隋文帝像

选自《历代帝王像》（清）姚文瀚　收藏于美国纽约大都会艺术博物馆

隋文帝杨坚是隋朝的开国皇帝，在他登基之初，百姓刚经历了南北朝的动荡战乱，所以隋文帝下令疏通盐池、盐井，使百姓可以自由买卖盐，连盐业的专税都一并免除。这段无盐税的时期一直持续了138年，唐代又开始重新征税。

【注释】

① 徒：只，仅仅。

【译文】

菜肴的味道要浓厚，但不可过于油腻；味道要清鲜，但也不可过于清淡。这些话虽然听起来很相似，但要是稍有偏差，烹调出来的味道便会差之千里。味道要浓厚，说的就是要多吸取精华而去掉糟粕。如果只是一味地贪图肥腻，还不如专门吃猪油。味道要清鲜，指的是食物能够保持原味而不沾染其他杂味。如果只一味贪图清淡，还不如直接喝水。

盐船

选自《中国清代外销画·船只》册　佚名

补救须知

名手调羹，咸淡合宜，老嫩如式[①]，原无需补救。不得已为中人[②]说法，则调味者，宁淡毋咸，淡可加盐以救之，咸则不能使之再淡矣。烹鱼者，宁嫩毋老，嫩可加火候以补之，老则不能强之再嫩矣。此中消息[③]，于一切下佐料时，静观火色，便可参详。

【注释】

① 式：常规。

② 中人：普通人。

③ 消息：机关上的枢纽，此处指关键之处。

白居易像

选自《历代圣贤半身像》册　佚名　收藏于中国台北故宫博物院

白居易，字乐天，唐代著名诗人。曾作诗《盐商妇》：“每年盐利入官时，少入官家多入私。官家利薄私家厚，盐铁尚书远不知。”其背景就是安史之乱爆发后，国家再次陷入财政危机，为了增加收入，不得不把盐价提高。但此时的盐商和盐官却大发横财，普通人家无力购买高价盐，只能吃“淡食”。这首诗描写了盐商之妻的奢侈生活，用来讽刺盐商的恶劣行径。

【译文】

名厨高手烹制的菜肴，大多咸淡适中，老嫩适宜，本没有什么需要补救的地方。但不得不对普通人谈谈菜肴补救的方法，那就是调味的时候，宁可清淡也不要过咸，因为味道淡了可以加盐来补救，但如果太咸就无法再变淡。烹调鱼类的时候，宁可嫩也不要老，因为过嫩可以增加火候进行补救，老了就不能再变嫩。其中的关键，就是需要我们在下料的时候，认真地观察火候，便能明白其中的奥秒了。

本份须知

满洲菜[①]多烧煮，汉人菜多羹汤，童而习之，故擅长也。汉请满人，满请汉人，各用所长之菜，转觉入口新鲜，不失邯郸故步[②]。今人忘其本分，而要格外讨好。汉请满人用满菜，满请汉人用汉菜，反致依样葫芦，有名无实，画虎不成反类犬矣。秀才下场[③]，专作自己文字，务极其工[④]，自有遇合[⑤]。若逢一宗师而摹仿之，逢一主考而摹仿之，则掇皮无真[⑥]，终身不中矣。

【注释】

① 满洲菜：满人的烹饪菜式。清朝时系满人创立，其时惯以满汉并称之。满族如今是我国少数民族之一。

② 邯郸故步：出自《庄子·秋水篇》中“邯郸学步”的典故。通常指的是那些一味模仿别人，到头来反而丧失自己本领的人。

③ 下场：考场应试。

④ 工：工整，这里指作好文章。

⑤ 遇合：情投意合，互相欣赏。

⑥ 掇（duō）皮无真：指的是只学到了皮毛，没有真本事。掇，拾取。

【译文】

满人做菜通常多烧煮，汉人做菜则大多为羹汤，他们从小就是这么学的，因此各有擅长。若是汉人宴请满人，满人宴请汉人，各自都用自己最擅长的菜肴来款待，反而会让人觉得口感新鲜，不是在刻意模仿。可现在很多人都忘了本分，总是刻意地迎合客人。汉人请满人的时候用满菜，满人请汉人的时候用汉菜，结果反而是照葫芦画瓢，空有其名，画虎不成反似犬。又好比秀才进考场考试，只要专心写好自己的文章，竭尽全力让内容工整优美，自然会得到阅卷人的赏识。但如果每遇到一位宗师就要模仿他的文章，每遇到一位主考官就要模仿他的文章，其掌握的学问要领也只能是拾得一点皮毛而已，并没有真本事，一辈子也很难考中。

▶ 西施像

选自《丽珠萃秀》册　（清）梁诗正\书，（清）赫达资\绘　收藏于中国台北故宫博物院

西施是春秋时期越国的美女，有心口疼的隐疾，走路时常用双手捂着胸口，皱着眉头。邻村有个丑女叫东施，觉得西施捧心皱眉的姿态很漂亮，所以效仿她的动作，村民见状都被吓跑了。这则故事后来演变为成语“东施效颦”，比喻刻意地模仿他人，最后反而出丑。就如同做菜一样，不要为了迎合客人而去模仿自己不擅长的菜品。

吴西施

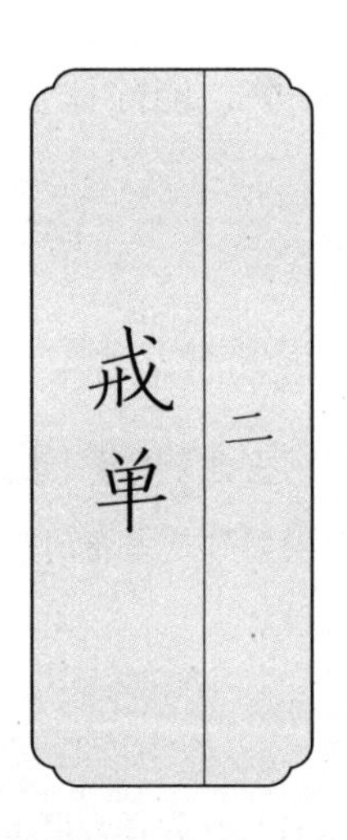
戒单
二

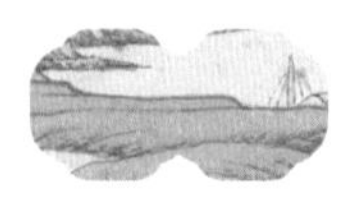

为政者兴一利，不如除一弊，能除饮食之弊，则思过半矣[1]。作《戒单》。

【注释】

① 思过半矣：出自《周易·系辞下》：“知者观其《彖辞》，则思过半矣。”这里指的是领悟了大部分饮食之道。

【译文】

为官从政者与其为百姓谋求一项利益，不如除去一种弊端，要是能在饮食上除去烹饪过程中的弊病，就已经算是领悟了大部分饮食之道。所以在此作了《戒单》。

东汉周公辅成王庖厨图画像石

收藏于故宫博物院

画面分为上、下两个部分。上半部是周公向成王汇报事情的画面；下半部是庖厨的场面，有的在宰猪，有的在杀鱼，还有的负责烧火，大家各司其职。

戒外加油

俗厨制菜，动熬猪油一锅，临上菜时，勺取而分浇之，以为肥腻。甚至燕窝至清之物，亦复受此玷污。而俗人不知，长吞大嚼，以为得油水入腹。故知前生是饿鬼投来。

【译文】

普通厨师在做菜的时候，动不动就先熬一锅猪油，等到上菜的时候，就用勺子分别浇在各式菜品上，以为这样就可以增加菜品的油腻味。甚至连燕窝这样极其清淡的食物，也要采取同样的做法来玷污它的本味。但普通食客并不知晓，所以吃的时候狼吞虎咽，以为这样就算是把油水吃到腹中了。简直就像饿鬼投胎一样。

卖油，打油器具

选自《京都叫卖图》册　佚名

古人偏爱猪油，所以讲究菜肴要足够油腻。“腻”的本义即是油脂，猪油越纯，其白色就越纯净，所以古人夸女子“肤若凝脂”，指的就是皮肤像油脂一样细嫩白净。

戒同锅熟

同锅熟之弊，已载前“变换须知”一条中。

【译文】

食物放在一锅混合烹煮的弊端，已经在前面“变换须知”条目中陈述过了。

戒耳餐

何为耳餐？耳餐者，务名[①]之谓也。食贵物之名，夸敬客之意，是以耳餐，非口餐也。不知豆腐得味，远胜燕窝；海菜不佳，不如蔬笋。余尝谓鸡、猪、鱼、鸭，豪杰之士也，各有本味，自成一家；海参、燕窝庸陋之人也，全无性情，寄人篱下。尝见某太守燕客[②]，大碗如缸，白煮燕窝四两，丝毫无味，人争夸之。余笑曰：“我辈来吃燕窝，非来贩燕窝也。”可贩不可吃，虽多奚为[③]？若徒夸体面，不如碗中竟放明珠百粒，则价值万金矣，其如吃不得何？

▶《筱园饮酒图》

（清）罗聘　收藏于美国纽约大都会艺术博物馆

筱园是位于扬州瘦西湖的一座小园，建于康熙末期，与影园、贺园、卞园等并称为“扬州八大名园”。图中画家与朋友在园中聚会，众人边饮酒边赏景，悠闲自在。

【注释】

① 务名：追名逐利。

② 燕客：宴请宾客。

③ 奚为：做什么。奚，何。

【译文】

什么叫耳餐呢？所谓耳餐，指的就是盲目追求菜品的名誉。贪图食物的名贵，故意夸大自己的敬客之意，这就是所谓用耳朵吃的菜肴，而不是用嘴品尝的菜肴。殊不知豆腐烧好了，味道要远胜燕窝；海鲜如果没有烧好，还不如一盘新鲜的蔬笋。我曾经将鸡、猪、鱼、鸭称为菜中的豪杰，是因为它们在本味上各具特色，可以单独成为一道菜；而海参、燕窝则更像平庸浅陋的人，完全没有个性，其味道只能通过与其他食物调和而成。我曾经看到一位太守请客，用的碗如同缸一样大，里面盛着四两白煮燕窝，吃的时候毫无味道，客人们竟还争相夸赞。我开玩笑地说：“我们是来吃燕窝的，不是来卖燕窝的。”数量多到可以贩卖却不可口，即便再多又有什么用呢？如果只是为了虚荣和体面，那还不如直接在碗中放入几百粒珍珠，其价值能抵万金，谁又管它能不能吃呢？

▶ **宴饮雅聚**

选自《苏州市景商业图》册　（清）佚名　收藏于法国国家图书馆

图册描绘了明末清初江南一带的繁华景象，不仅有小吃食摊、商家货商，还有文人雅集、农林渔耕。图中是一户人家正在宴请亲朋好友，众人围桌而坐，饮酒作乐，旁边还有鼓乐助兴。

翰林書屋

戒目食

何为目食？目食者，贪多之谓也。今人慕“食前方丈”[①]之名，多盘叠碗，是以目食，非口食也。不知名手写字，多则必有败笔；名人作诗，烦则必有累句[②]。极名厨之心力，一日之中，所作好菜不过四五味耳，尚难拿准，况拉杂横陈乎？就使帮助多人，亦各有意见，全无纪律，愈多愈坏。余尝过一商家，上菜三撤席，点心十六道，共算食品将至四十余种。主人自觉欣欣得意，而我散席还家，仍煮粥充饥，可想见其席之丰而不洁矣。南朝孔琳之[③]曰：“今人好用多品，适口之外，皆为悦目之资。”余以为肴馔横陈[④]，熏蒸腥秽，口亦无可悦也。

【注释】

① 食前方丈：指的是吃饭时，面前一丈见方的地方都堆满了食物。形容宴席极其奢华。

② 累句：不通顺的句子。

③ 孔琳之：字彦琳，会稽山阴人。孔子第二十七世孙，善诗文，懂音律。

④ 肴馔（zhuàn）横陈：形容宴席上的菜饭很丰盛。馔，食物，菜肴。

【译文】

什么叫目食呢？所谓目食，指的就是故意贪图菜多。如今有很多人仰慕菜肴奢华丰盛的虚名，所以故意摆上很多重重叠叠的盘子和碗，这就是所谓给眼睛吃的菜，而不是给嘴巴吃的菜。这些人不晓得，名家写字写多了，就会有错误的地方；名人作诗作多了，也会有病句出现。所以有名的厨师即便倾尽全力，一天之内也只能做出四五道上等的菜肴，这已经是非常不容易了，何况还要应付那些乱七八糟的酒席？即便是帮厨的人多，也是各有各的见解，根本没有统一的规则，结果反而是帮忙的人越多越糟糕。我曾去过一户商人家参加宴席，上菜竟换了三次，光点心就有十六道，各类菜肴共计四十多种。主人十分得意，而我结束宴席回家后，还得再煮粥来充饥，由此可见那丰盛的宴席品位有多不高端了。南朝孔琳之曾经说过："现在的人贪图菜式的多样性，却很少有几样是好吃的，大多数只能用来饱眼福。"我认为菜肴如果杂乱无章地摆放，气味也污秽浑浊，那不但享不了口福，还会大扫兴致。

戒穿凿

物有本性，不可穿凿[①]为之。自成小巧，即如燕窝佳矣，何必捶以为团？海参可矣，何必熬之为酱？西瓜被切，略迟不鲜，竟有制以为糕者。苹果太熟，上口不脆，竟有蒸之以为脯[②]者。他如《遵生八笺》[③]之秋藤饼，李笠翁[④]之玉兰糕，都是矫揉造作，以杞柳为桮棬[⑤]，全失大方。譬如庸德庸行，做到家便是圣人，何必索隐行怪[⑥]乎？

【注释】

① 穿凿：非常牵强地迎合。

② 脯（fǔ）：水果蜜渍后晾干的果子和肉。

③ 《遵生八笺》：明代高濂所撰的一部养生著作。

《竹林七贤图》卷

（清）禹之鼎　收藏于中国台北故宫博物院

图中为竹林七贤宴饮的场景。竹林七贤是魏晋时期的七位文人，分别为嵇康、阮籍、山涛、向秀、刘伶、王戎及阮咸。当时社会动荡，民不聊生，七人无法施展才华，便隐居山林，常在竹林间饮宴游乐，以此来排遣心中的忧愤。

④ 李笠翁：原名仙侣，后改名渔，字谪凡，号笠翁。明末清初文学家、戏曲家。有才子之誉。

⑤ 以杞（qǐ）柳为桮棬（bēi quān）：出自《孟子·告子上》："告子曰：'性，犹杞柳也；义，犹桮棬也。以人性为仁义，犹以杞柳为桮棬。'"意思是杞柳变成桮棬，是因为外力作用。人要想仁义，也应该凭借外力。此处指的是在饮食中牵强附会，会使食物失去它的本性。杞柳，杨柳科灌木。桮棬，古代一种木质的饮器。桮，同"杯"。

⑥ 索隐行怪：指的是深居在隐逸之地，用古怪的行为来求得圣贤之名的人。索，寻求。

【译文】

凡是食物都有自己的本性，绝不可牵强附会。顺应自身的情况也能成为巧作，比如燕窝本就已经是佳品，何必还要捶碎捏成团呢？海参本身就很好，何必要把它熬成酱呢？西瓜被切开后，时间稍长就会不新鲜，竟还有把它做成糕点的人。苹果太熟了，吃起来就不脆，可竟还有把它蒸熟做成果脯的人。其他的像《遵生八笺》的秋藤饼，李笠翁的玉兰糕，都是矫揉造作的食物，这就好比用杞柳枝编成的杯子一样，完全失去了自然大方的本性。又好比日常生活中的一件小事，如果每一件都能做好，便可成为圣人，又何必故作高深地做出这么多古怪的事情呢？

戒停顿

物味取鲜，全在起锅时极锋而试[1]；略为停顿，便如霉过衣裳，虽锦绣绮罗，亦晦闷[2]而旧气可憎矣。尝见性急主人，每摆菜必一齐搬出。于是厨人将一席之菜，都放蒸笼中，候主人催取，通行齐上。此中尚得有佳味哉？在善烹饪者，一盘一碗，费尽心思；在吃者，卤莽暴戾，囫囵吞下，真所谓得哀家梨[3]，仍复蒸食者矣。余到粤东[4]，食杨兰坡[5]明府[6]鳝羹而美，访其故，曰："不过现杀现烹，现熟现吃，不停顿而已。"他物皆可类推。

【注释】

① 极锋而试：刀剑要趁着锋利的时候用。指的是及时使用。

② 晦闷：色泽暗淡。

③ 哀家梨：出自《世说新语·轻诋》。讲的是汉代哀仲所种的梨，果实又大又美味，被当时的人称为"哀家梨"。但有些愚笨的人，得到哀家梨后，反而蒸着吃。讽刺愚人糟蹋佳品的行为。

④ 粤东：指的是广东的东部地区。

⑤ 杨兰坡：即杨国霖，字兰坡。是袁枚的好友。

⑥ 明府："明府君"的略称。唐代以后多指称县令。

【译文】

食物的鲜美，要在起锅的时候及时品尝；稍有停顿，吃起来就好像是布满霉点的衣裳，虽然看起来是绫罗绸缎，但实际上色泽暗淡而且有一股令人厌恶的霉味。我曾经遇到过一个急性子的主人，每次摆宴席的时候都要将所有的菜一起上桌。于是厨师只好将菜全部放在一个蒸笼里，等主人前来催取时，再把菜肴一起端上来摆放。这样还会有什么好味道呢？对于一个善于烹饪的人来说，每一个盘子和每一个碗，都花费了他很大的心思；而那些所谓的美食家，非常粗暴鲁莽，囫囵吞枣，好比那些得到美味无比的哀家梨后却一定要蒸着吃的人。我到广东东部的时候，曾在杨兰坡府上吃过一道美味的鳝鱼羹，我向他询问汤羹美味原因，他回答说："只不过是现杀现烹，即熟即吃，不停顿罢了。"其他的食物也可以此类推。

▶ 《摹仇英西园雅集图》轴

（清）丁观鹏　收藏于中国台北故宫博物院

图中描绘的是李公麟、苏轼、米芾等人在驸马都尉王诜府上的西园聚会的场景。众人在一起饮酒品茶、谈经论学，是中国历史上著名的文人雅士集会。

西園雅集圖
諸賢高致逸堪把二李
風流近可尋一例閒
園會賓從聲華底事
到於今
戊辰秋御題

戒暴殄[1]

暴者不恤人功，殄者不惜物力。鸡、鱼、鹅、鸭，自首至尾，俱有味存，不必少取多弃也。尝见烹甲鱼者，专取其裙[2]而不知味在肉中；蒸鲥鱼者，专取其肚而不知鲜在背上。至贱莫如腌蛋，其佳处虽在黄不在白，然全去其白而专取其黄，则食者亦觉索然矣。且予为此言，并非俗人惜福之谓。假设暴殄而有益于饮食，犹之可也。暴殄而反累于饮食，又何苦为之？至于烈炭以炙活鹅之掌，剸刀[3]以取生鸡之肝，皆君子所不为也。何也？物为人用，使之死可也；使之求死不得不可也。

【注释】

① 暴殄（tiǎn）：任意浪费、糟蹋。

② 裙：这里指的是鳖裙，也就是甲鱼四周肉质的裙边，味道极其鲜美。

③ 剸（tuán）刀：割刀，用来宰杀动物。

【译文】

暴虐者从来不会体恤花费的人力功夫，糟践者也从来不会吝惜物料成本的消耗。鸡、鱼、鹅、鸭，从头到尾，都有自己独特的味道，不应该少取而多弃。我曾经见到有人烹制甲鱼，专取甲鱼的裙边，却不知道真正的美味在甲鱼肉中；蒸鲥鱼时，专吃鱼的腹部，却不知道鱼真正鲜嫩的地方在它的背部。至于我们最平常的腌蛋，它最好吃的地方在蛋黄而不是蛋白，但如果把蛋白去掉而只吃蛋黄，吃的人也照样会觉得索然无味。我之所以说这些，并不是只为了让平常人惜福。假如糟践食材有益于提升我们的饮食口感，这样做倒也无妨。但如果糟践食材反而错过了最美味的地方，这又是何苦呢？至于那些用旺火之炭烧烤鲜活的鹅掌，用刀割取鲜活的鸡肝，这都是君子不该干的事。为什么呢？虽然家畜要被人食用，免不了要被宰杀，但让它们求死不得也是绝对不应该的。

脯林酒池

选自《帝鉴图说》法文外销画绘本　（明）佚名　收藏于法国国家图书馆

夏桀性格残暴，嗜酒好色，宠溺妃子妹喜。史书记载："桀作瑶台，罢民力，殚民财，为酒池糟堤，纵靡靡之乐。"说的是桀为了讨好妹喜，在水池中装满酒，把肉脯挂在树上，供自己和美人享用，实在是奢侈至极。

戒纵酒

事之是非，惟醒人能知之；味之美恶，亦惟醒人能知之。伊尹[①]曰："味之精微，口不能言也。"口且不能言，岂有呼呶[②]酗酒之人，能知味者乎？往往见拇战[③]之徒，啖[④]佳菜如啖木屑，心不存焉。所谓惟酒是务，焉知其余，而治味之道扫地矣。万不得已，先于正席尝菜之味，后于撤席逞酒之能，庶乎其两可也。

【注释】

① 伊尹：商朝开国元勋，常借烹饪的理论来治理天下，被后人尊称为中华厨祖。

② 呼呶（náo）：大声喧闹。

③ 拇战：一种行酒令，也叫划拳。因为在划拳的时候，常常用到拇指，所以称为拇战。

④ 啖（dàn）：吃。

【译文】

事情的是非曲直，只有头脑清醒的人才能真正明了；对于菜品味道的好坏，也只有头脑清醒的人才能判断。伊尹说："菜品味道中的精妙之处，无法用语言来形容。"嘴巴都形容不出来的事，那些大声喧闹、喝得酩酊大醉的人，又能知道什么呢？他们往往都是一些行酒划拳之徒，品味一道佳肴与咀嚼木屑没什么两样，不管吃什么都是一副心不在焉的样子。他们的心中除了酒，其余的事情一概不知，好菜让这些人吃，算是糟践了。倘若一定要饮酒，不如先入正席品上几口美味佳肴，等到撤席后再喝酒逞能，这样或许可以两全其美。

戒酒防微

选自《帝鉴图说》法文外销画绘本　（明）佚名　收藏于法国国家图书馆

据《资治通鉴外纪》记载：禹时仪狄作酒。禹饮而甘之，遂疏仪狄，绝旨酒，曰：“后世必有以酒亡国者。”仪狄是夏禹时期一位十分擅长酿酒的人，他将所酿的美酒献给大禹，大禹品尝后觉得十分美味。但是大禹认为自己和后世的人会经受不住美酒的诱惑，乱性误事，于是下令宫内不许饮酒。

戒火锅

冬日宴客，惯用火锅，对客喧腾[1]，已属可厌。且各菜之味，有一定火候，宜文宜武，宜撤宜添，瞬息难差。今一例以火逼[2]之，其味尚可问哉？近人用烧酒代炭，以为得计，而不知物经多滚，总能变味。或问："菜冷奈何？"曰："以起锅滚热之菜，不使客登时食尽，而尚能留之以至于冷，则其味之恶劣可知矣。"

【注释】

① 喧腾：喧闹沸腾。

② 逼：这里指的是乱炖。

西周长子鼎

鼎有三足，腹部用来烧火，把食物放入鼎中享用，算是火锅的前身。唐代诗人白居易《问刘十九》有云："绿蚁新醅酒，红泥小火炉。晚来天欲雪，能饮一杯无？"其中的"红泥小火炉"指的就是火锅。

【译文】

冬天宴请宾客的时候，大都习惯选择火锅，但席上喧哗吵闹，已经够让人生厌了。何况各道菜品在烹煮时，有所需火候有差异，有的适合文火，有的适合武火，有时需要撤火，有时需要添柴，不能有一点差错。如今都用同一锅煮，味道还有什么区别呢？现在有的人用烧酒代替木炭，以为是个好计策，殊不知食物经过多次翻滚，味道总会变的。这时有人可能会问："菜冷了怎么办？"我说："刚起锅滚热的菜肴，如果客人没有立马吃完，还能留至其变冷，其味道到底有多差，就可想而知了。"

戒强让

治具[①]宴客，礼也。然一肴既上，理直凭客举箸[②]，精肥整碎，各有所好，听从客便，方是道理，何必强勉让之？常见主人以箸夹取，堆置客前，污盘没碗，令人生厌。须知客非无手无目之人，又非儿童、新妇，怕羞忍饿，何必以村妪[③]小家子之见解待之？其慢客也至矣！近日倡家[④]，尤多此种恶习，以箸取菜，硬入人口，有类强奸，殊为可恶。长安有甚好请客而菜不佳者。一客问曰："我与君算相好乎？"主人曰："相好！"客跽[⑤]而请曰："果然相好，我有所求，必允许而后起。"主人惊问："何求？"曰："此后君家宴客，求免见招。"合坐为之大笑。

【注释】

① 治具：设宴。

② 箸（zhù）：筷子。

③ 村妪（yù）：村中的老妇人。

④ 倡家：古代专门从事音乐歌舞的艺人。

⑤ 跽（jì）：古人席地而坐，长时间挺直上身两膝着地的姿势。

【译文】

设宴请客，是一种礼仪。因而好菜既然上了桌，就理应由客人举筷，到底是选择肥的还是瘦的，整的还是碎的，都应依照个人不同的偏好，便于客人的需求，这样才算是最好的待客之道，又何必强劝对方一定要怎样呢？我常常见到主人用筷子夹取菜肴，把食物堆在客人的面前，不但弄脏了盘子、装满了碗，还给人带来一种厌恶的感觉。须知客人并不是没手没眼的人，也不是孩子、新媳妇，会因为害羞而选择忍受饥饿，何必用村妇那种庸俗的方法来款待客人呢？其实这才是对他们最大的怠慢啊！近来歌伎中的这种恶习尤其严重，用筷子夹上食物，硬往客人的嘴里塞，这种行为与强奸无别，真是让人憎恶。长安有个人特别好请客，但每次菜品都不太好。有一个客人问："我与您应该算是好朋友了吧？"主人说："当然是好朋友啦！"随后客人跪下请求道："如果真是好朋友，我有一个请求，你答应我之后我才起来。"主人惊讶地问："什么请求？"客人答道："以后您家请客，求您千万别再叫上我了。"在座的人听后都跟着大笑起来。

▼ **清代象牙银箸**

前端是银，中端为象牙，末端是木。《红楼梦》中刘姥姥进大观园时，王熙凤为了逗贾母开心，故意让刘姥姥使用一双象牙镶金筷子，刘姥姥见后说道："这叉爬子比俺那里铁掀还沉，那里犟的过他。"惹得众人哄堂大笑后，才换成乌木镶银的筷子。

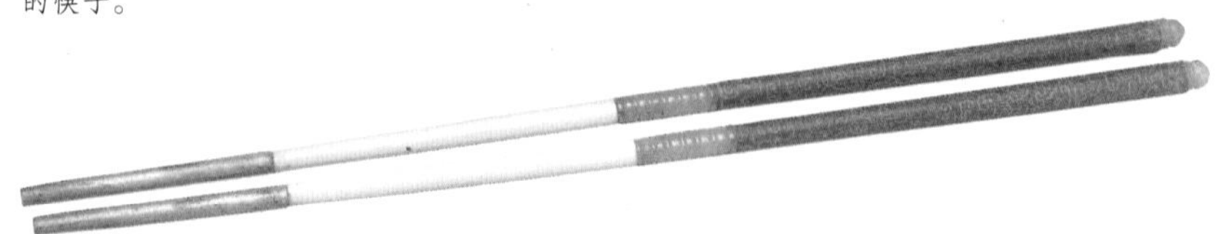

戒走油[1]

凡鱼、肉、鸡、鸭，虽极肥之物，总要使其油在肉中，不落汤中，其味方存而不散。若肉中之油，半落汤中，则汤中之味，反在肉外矣。推原[2]其病有三：一误于火太猛，滚急水干，重番加水；一误于火势忽停，既断复续；一病在于太要[3]相度[4]，屡起锅盖，则油必走。

【注释】

① 走油：这里指的是肉类脂肪的美味流失。

② 推原：从源头上考究。

③ 太要：太想要，急于。

④ 相度：观察估量。

【译文】

凡是鱼、肉、鸡、鸭，虽然都是十分肥美的食物，但只有将油留在肉中，而不外溢到汤中，才能保证其美味不散失。如果肉中的油，有一半落在汤中，那么汤的味道反而就留在肉的外面了。从源头上考究这个问题的弊端主要有三点：一种是把火烧得太猛，滚得太急，水就蒸干了，只好重复多次加水；一种是火势忽然停顿下来，断了以后才再次燃烧；一种是太急于查看菜肴的情况，屡次掀开锅盖，必定会使油的香气流失。

油榨取油具也用堅大四木各圍可五尺長可丈餘疊
作卧枋於地其上作槽其下用厚板嵌作底盤盤上圓
鑿小溝下通槽口以備注油於器凡欲造油先用大鑊
爨炒芝麻既熟即用碓舂或輾碾令爛上甑蒸過理草
為衣貯之圈内累積在槽横用枋桯相拶復竪插長楔
高處舉碓或推擊擠之極緊則油從槽出此横榨謂之
卧槽立木為之者謂之立槽傍用擊楔或上用壓梁得
油甚速今燕趙間創有以鐵為炕面就接蒸釜爨項乃
傾芝麻於上執枚匀攪待熟入磨下之即爛比鑊炒及
舂碾省力數倍南北農家歲用既多尤宜則倣詩云巨
材成榨床細溜刻盤口麻爛入重圈機械應心手取之

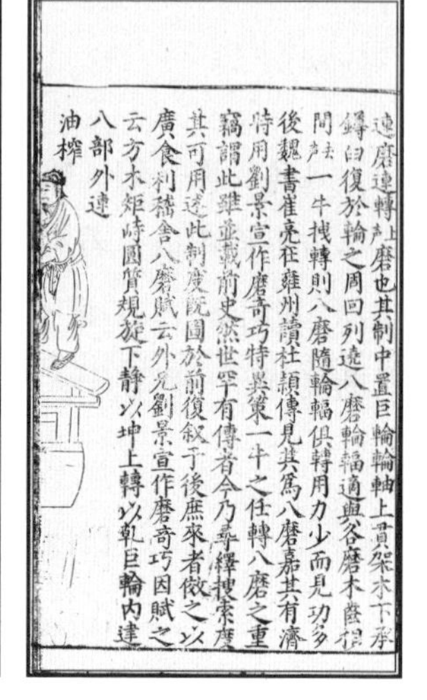

連磨連轉上聲磨也其制中置巨輪輪軸上貫架木下承
鑄臼復於輪之周回列遶八磨輪輻適與各磨木齒相
間去聲一牛拽轉則八磨隨輪輻俱轉用力少而見功多
後魏書崔亮在雍州讀杜預傳見其為八磨嘉其有濟
時用劉景宣作磨奇巧特異策一牛之任轉八磨之重
竊謂此雖並載前史然世罕有傳者今乃尋繹搜索度
其可用述此制度既圖於前復叙于後庶來者倣之以
廣食利䅥舍八磨賦云外兄劉景宣作磨奇巧因賦之
云方木矩峙圓質規旋下靜以坤上轉以乾巨輪內建
八部外連

油榨

油榨

选自《农书》明刊本　（元）王祯

汉代之后，芝麻等油料作物开始广泛种植，油榨技术也得到快速发展和广泛应用。榨油方式从杠杆压榨发展到尖劈楔式木榨。图中所展示的就是木楔式榨油法，又可分为卧式和立槽式。

戒落套

唐诗最佳，而五言八韵之试帖[①]，名家不选，何也？以其落套故也。诗尚如此，食亦宜然。今官场之菜，名号有“十六碟”“八簋”[②]“四点心”之称，有“满汉席”之称，有“八小吃”之称，有“十大菜”之称，种种俗名，皆恶厨陋习。只可用之于新亲上门，上司入境，以此敷衍。配上椅披桌裙，插屏[③]香案，三揖百拜[④]方称。若家居欢宴，文酒[⑤]开筵，

▶《文会图》

（北宋）赵佶等　收藏于中国台北故宫博物院

画面中描绘的是文人们以文会友、饮酒品茶的场景。该画的右上角还有宋徽宗赵佶亲题的诗：“儒林华国古今同，吟咏飞毫醒醉中。多士作新知入彀，画图犹喜见文雄。”

安可用此恶套哉？必须盘碗参差，整散杂进，方有名贵之气象。余家寿筵婚席，动至五六桌者，传唤外厨，亦不免落套，然训练之卒，范我驰驱[6]者，其味亦终竟不同。

【注释】

① 试帖：科举考试时所作的诗，多用古人诗句命题，题以“赋得”两字，所作的诗或五言或七言，或八韵或六韵，也被称为赋得体。

② 簋（guǐ）：古代盛放食物的一种器皿，多在宴席或祭祀时使用，也是重要的礼器。

③ 插屏：我国古老传统中的一类工艺美术品，是条案上的一种摆件。

④ 三揖百拜：这里指的是多次行礼，以表诚意和尊重。

⑤ 文酒：一边饮酒，一边赋诗。出自《梁书·江革传》：“优游闲放，以文酒自娱。”

⑥ 范我驰驱：出自《孟子·滕文公下》：“（良曰）吾为之范我驰驱，终日不获一；为之诡遇，一朝而获十。”意思是按照规矩法度办事。范，规矩，要求。

【译文】

唐诗是诗中最好的，但五言八韵的试帖诗，名家却从来不选取，为什么呢？原因就在于它太落俗套。诗尚且如此，食物也是一样的。现如今官场上的菜，名称有“十六碟”“八篕”“四点心”的叫法，也有“满汉席”的叫法，“八小吃”的叫法，“十大菜”的叫法，这一系列庸俗的称呼，都是恶劣厨师的陋习。只能用在新亲上门、上司到来时，在形式上敷衍应付。而且还要再配上椅披桌帏，插上屏风，摆上香案，多次行礼才觉得与自己的身份相称。如果只是举办欢庆的家宴，一边饮酒一边赋诗，又怎能落入这样的俗套呢？只需要把盘子碗筷交错摆放，整席散席交替而上，这样才能显示出名贵的气象来。我家的寿筵婚席，动不动就有五六桌，若是从外面聘请厨师，难免就会落入俗套，但只要是经过我的训练，按照我的要求去做，菜肴的味道就别有不同了。

戒混浊

混浊者，并非浓厚之谓。同一汤也，望去非黑非白，如缸中搅浑之水。同一卤也，食之不清不腻，如染缸倒出之浆。此种色味令人难耐。救之之法，总在洗净本身，善加作料，伺察[1]水火，体验酸咸，不使食者舌上有隔皮隔膜之嫌。庾子山[2]论文云：“索索无真气，昏昏有俗心。”[3]是即混浊之谓也。

【注释】

① 伺察：观察，观测。

② 庾子山：即庾信，字子山，南北朝时期文学家、诗人。著有《庾子山集》。

③ 索索无真气，昏昏有俗心：出自庾信《拟咏怀》。意思是索然无味，没有精气神，被追求功名利禄的俗心搞得昏庸糊涂。索索，冷漠、了无生气的样子。昏昏，糊涂、迷乱的样子。

《韩熙载夜宴图》

（五代南唐）顾闳中\原作　此为宋人摹本　收藏于故宫博物院

图中描绘的是官员韩熙载在家中设宴行乐的画面，有琵琶演奏、观舞、宴间休息、清吹、欢送宾客五段场景。当时的南唐大势已去，韩熙载无可奈何，只能夜夜笙歌来逃避现实。汪曾祺曾在他的《宋朝人的吃喝》这篇文章里对宴饮中的食物有过评价：“五代顾闳中所绘《韩熙载夜宴图》主人客人面前案上所列的食物不过八品，四个高足的浅碗，四个小碟子。有一碗是白色的圆球形的东西，有点像外面滚了米粒的蓑衣丸子。有一碗颜色是鲜红的，很惹眼，用放大镜细看，不过是几个带蒂的柿子！其余的看不清是什么。

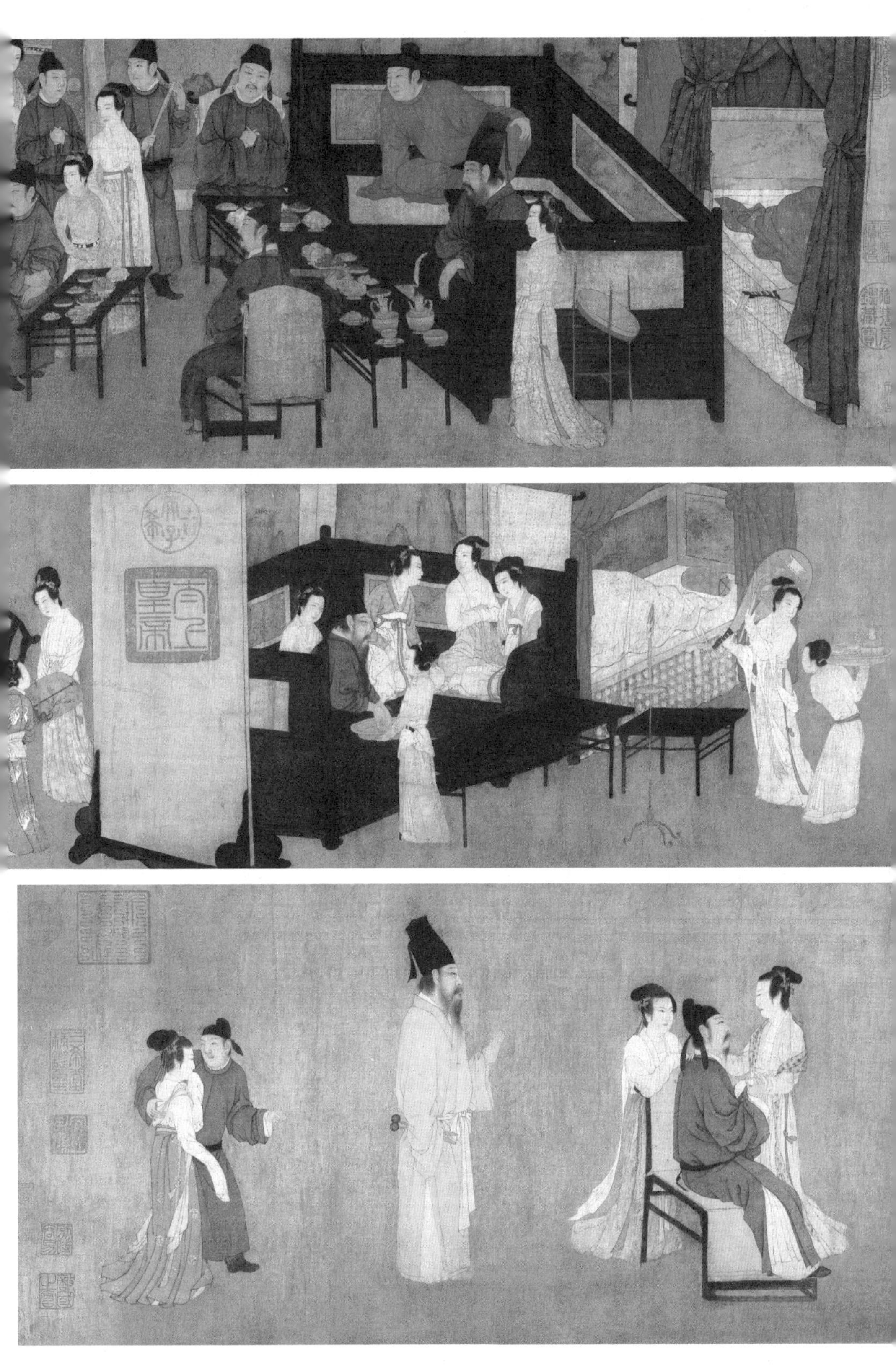

《兰亭修禊图》卷

（明）钱谷　收藏于美国纽约大都会艺术博物馆

这幅图描绘的场景，出自东晋王羲之书写的《兰亭集序》："此地有崇山峻岭，茂林修竹，又有清流激湍，映带左右，引以为流觞曲水，列坐其次。虽无丝竹管弦之盛，一觞一咏，亦足以畅叙幽情。"此文的创作背景是王羲之与谢安等一众好友，在会稽山阴的兰亭游玩赏景，饮酒赋诗。

【译文】

所谓浑浊，说的并不是浓厚的意思。同样的一锅汤，一眼望去不黑不白，犹如缸中搅浑的水。同是一碗卤，吃起来不清淡也不肥腻，感觉就像从染缸里倒出来的浆水。这种菜品的色泽和味道实在令人难以忍受。补救的办法，就是先把食材本身洗干净，然后善用作料，观察水汽和火候，品味其中的酸咸，不要让食客在舌头上产生隔皮隔膜的厌恶感觉。庾子山在他的文章中说："索索无真气，昏昏有俗心。"说的就是这种浑浊不清的感觉。

戒苟且

凡事不宜苟且，而于饮食尤甚。厨者，皆小人下材，一日不加赏罚，则一日必生怠玩。火齐[①]未到而姑且下咽，则明日之菜必更加生。真味已失而含忍不言，则下次之羹必加草率。且又不止空赏空罚而已也。其佳者，必指示其所以能佳之由；其劣者，必寻求其所以致劣之故。咸淡必适其中，不可丝毫加减；久暂必得其当，不可任意登盘[②]。厨者偷安，吃者随便，皆饮食之大弊。审问、慎思、明辨[③]，为学之方也；随时指点，教学相长，作师之道也。于是味何独不然也？

【注释】

① 火齐：指火候。

② 登盘：指的是菜肴起锅装盘。

③ 审问、慎思、明辨：出自《礼记·中庸》："博学之，

审问之，慎思之，明辨之，笃行之。”审问，有针对性地询问。慎思，慎重地思考。明辨，明确地判断。

【译文】

不管是什么事都不能随便、凑合，饮食也是如此。厨师，多半是一些地位低下的人，一天不严加赏罚，则有一天肯定会产生懈怠偷懒的想法。如果有一次做的菜火候不够就勉强下咽，那么明天的菜就会比今天的还要生硬。如果菜肴的味道已经流失却忍住不说，那么下次做的羹汤就会变得更加草率。而且绝对不能让赏罚流于空谈。菜肴做得好，一定要说出它们做得好的缘由；做得不好，一定要找出它们做得不好的原因。菜的咸淡要适中，绝对不能有丝毫的增加与减少；制作的时间和火候也一定要掌握得当，绝对不可随意装盘上菜。如果厨师为了方便而偷懒，吃的人也随便而不讲究，这是饮食上的大忌。仔细审问、谨慎思考、明辨好坏，才是追求学问最好的方法；随时加以指点，在教学中相互促进，也是为师的责任。烹调的味道又何尝不是这样呢？

孔子像

选自《至圣先贤半身像》册　佚名

收藏于中国台北故宫博物院

孔老夫子的“有教无类”，可以说是每一个从事教育工作的人常说的话，他的另一句名言“食不厌精，脍不厌细”，同样也是吃货们的口头禅。孔夫子在饮食上有很高的品质追求，他甚至还提出了所谓的“八不食”，从火候、刀工、卫生等方面做了严格要求。

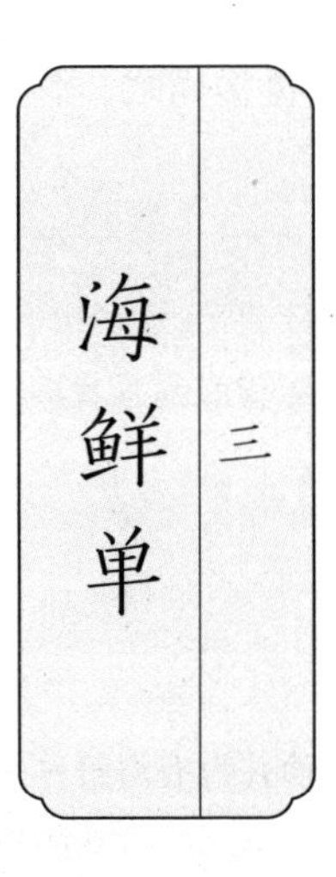
海鲜单
三

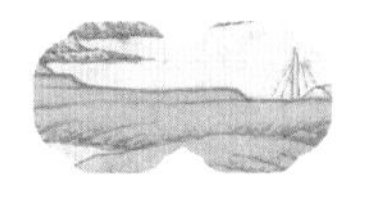

古八珍[1]并无海鲜之说。今世俗尚之，不得不吾从众。作《海鲜单》。

【注释】

① 八珍：通常指的是八种珍稀的烹饪原料，各个时期的八珍内容不尽相同。

【译文】

古代的八珍并没有海鲜一说。但如今的大众食客都很崇尚它，我也不得不顺应大众的口味。专门作了《海鲜单》。

燕　窝

燕窝贵物，原不轻用。如用之，每碗必须二两，先用天泉[1]滚水泡之，将银针挑去黑丝。用嫩鸡汤、好火腿汤、新蘑菇三样汤滚之，看燕窝变成玉色为度[2]。此物至清，不可以油腻杂之；此物至文[3]，不可以武物[4]串[5]之。今人用肉丝、鸡丝杂之，是吃鸡丝、肉丝，非吃燕窝也。且徒务其名，往往以三钱生燕窝盖碗面，如白发数茎，使客一撩不见，空剩粗物满碗。真乞儿卖富，反露贫相。不得已则蘑菇丝、笋尖丝、鲫鱼肚、野鸡嫩片尚可用也。余到粤东，杨明府冬瓜燕窝甚佳，以柔配柔，以清入清，重用鸡汁、蘑菇汁而已。燕窝皆作玉色，不纯白也。或打作团，或敲成面，俱属穿凿。

《孝钦显皇后朝服像》

（清）佚名

孝钦显皇后即慈禧，据史料记载，慈禧极爱吃燕窝。咸丰十一年十月初十，记录了慈禧所用的早膳。一是燕窝：燕窝烧鸭子、燕窝什锦攒丝、燕窝炒熏鸡丝、燕窝鸭条汤；二是炒菜：熘鲜虾、三鲜鸽蛋、烩鸭腰、口蘑炒鸡片、熘野鸭丸子、碎熘鸡、挂炉鸭子、挂炉猪；三是火锅：羊肉炖豆腐、炉鸭炖白菜；四是饽饽：百寿桃、五福捧寿桃、白糖油糕、苜蓿糕。除此之外还有一碗鸡丝面。

【注释】

① 天泉：纯天然的泉水。

② 度：标准，参考。

③ 文：这里指的是柔和丝滑。

④ 武物：质地坚硬的食物。

⑤ 串：混合。

【译文】

燕窝是珍贵的食物，原本不应该随意使用。如果真要使用，一碗中必须有二两，先用纯天然的泉水煮沸浸泡，再用银针挑去黑丝。用嫩鸡汤、上好的火腿汤、新鲜的蘑菇汤这三样汤一起滚煮，直到燕窝变成白玉色才算符合标准。燕窝是一种极其清淡的食物，绝对不可以与油腻的食材混杂在一起；而且燕窝的质地柔和丝滑，所以也不能和质地坚硬的食物混合搭配。现在的人用肉丝、鸡丝与其一同烹煮，这是吃鸡丝、肉丝，而不是吃燕窝。也有只是为了追求燕窝名气的人，往往用三钱的生燕窝来盖一碗面，燕窝的分量就如同几根白发，食客随意一挑就看不见踪影了，只剩下一整碗的粗俗之物。这就好像乞丐当众卖弄自己的富有，反倒暴露了自己的穷酸气。如果实在要选配料的话，蘑菇丝、笋尖丝、鲫鱼肚、嫩野鸡片尚还可以使用。我曾经到广东的东部地区，尝到杨明府家做的冬瓜燕窝特别好吃，它以柔配柔，以清入清，只是多用了一些鸡汁、蘑菇汁罢了。燕窝都是玉色的，并不是纯白。有些人把燕窝或打成一团，或敲打成面条的样子，都是牵强附会的做法。

海参三法

海参，无味之物，沙多气腥，最难讨好。然天性浓重，断不可以清汤煨也。须检小刺参[①]，先泡去沙泥，用肉汤滚泡三次，然后以鸡、肉两汁红煨极烂。辅佐则用香蕈[②]、木耳，以其色黑相似也。大抵明日请客，则先一日要煨，海参才烂。尝见钱观察[③]家，夏日用芥末、鸡汁拌冷海参丝，甚佳。或切小碎丁，用笋丁、香蕈丁入鸡汤煨作羹。蒋侍郎[④]家用豆腐皮、鸡腿、蘑菇煨海参，亦佳。

【注释】

① 刺参：海参的一种，营养价值极高，肉质筋道，多制成干品。

② 香蕈（xùn）：即香菇，是一种常见的食用菌，味道鲜美，香气独特。

③ 观察：清代地方官职，又称道员。

④ 侍郎：古代官名。汉朝时，属于郎官的一种。自唐以后，官位渐高。

【译文】

海参，本是一种没有味道的食物，但身体里泥沙多且有腥气味，所以很难把握烹制的分寸。由于它天生腥味浓重，所以千万不可以用清汤来煨烹。小刺参经过挑拣后，先要在水中浸泡以去除泥沙，再在肉汤中滚泡三次，然后用鸡汤、肉汤红烧到极烂的程度。其辅料可以使用香菇、木耳，因为

《八仙图》轴　缂丝

（元）佚名　收藏于故宫博物院

画面描述的是八仙向南极翁祝寿的画面。八仙是中国民间传说中的八位道教神仙，分别为：铁拐李、汉钟离、张果老、吕洞宾、何仙姑、蓝采和、韩湘子和曹国舅。相传铁拐李在成仙之前，屡试不第，本想跳海解脱，忽然闻到一阵香气，原来是一位仙风道骨的老者在烹制食物。铁拐李上前询问其名，老者回答道：“此为通天海刺参，为海中珍品，食之可以强身健体。你若是投海，就没有福气享用此美食了。”说完，老者便乘云而去。自此，铁拐李天天食用通天海刺参，八十一天后就得道成仙了。

它们都是黑色，与海参的颜色相近。一般如果是次日请客的话，就提前用火煨煮上一天，这样海参才会更加软烂。我曾见识钱观察家的烹饪做法，夏天时用芥末、鸡汁拌上冷海参丝，吃起来味道相当好。或者也可以把海参切成小碎丁，把笋丁、香菇丁放入鸡汤中做成羹来食用。蒋侍郎家是用豆腐皮、鸡腿、蘑菇来一起煨海参，味道也极其鲜美。

鱼翅二法

鱼翅难烂，须煮两日，才能摧刚为柔。用有二法：一用好火腿、好鸡汤，加鲜笋、冰糖钱许煨烂，此一法也；一纯用鸡汤串细萝卜丝，拆碎鳞翅搀[①]和其中，飘浮碗面，令食者不能辨其为萝卜丝、为鱼翅，此又一法也。用火腿者，汤宜少；用萝卜丝者，汤宜多。总以融洽柔腻为佳。若海参触鼻[②]，鱼翅跳盘[③]，便成笑话。吴道士家做鱼翅，不用下鳞[④]，单用上半原根，亦有风味。萝卜丝须出水二次，其臭才去。尝在郭耕礼家吃鱼翅炒菜，妙绝！惜未传其方法。

【注释】

① 搀：掺杂，混合。

② 海参触鼻：海参在没有发泡浸透时很坚硬，食用起来会碰到鼻尖。

③ 跳盘：这里指的是鱼翅坚硬，在夹食时很容易滑落到盘外。

④ 下鳞：鱼翅的下半部分。

◀《明熹宗坐像轴》轴

（元）佚名　收藏于中国台北故宫博物院

《明宫史》中记载明熹宗喜欢吃“一品锅”，其中就有鱼翅、燕窝、鲜虾、蛤蜊等材料。不仅如此，明熹宗在款待新科举人的“鹿鸣宴”上，其菜单就有“鲨鱼翅六两”的记载。而且明清之后，鱼翅也被列为八珍之一。

【译文】

鱼翅很难煮烂，所以必须煮两天，才能摧毁它的坚硬，转化为质地柔软的菜肴。其主要做法有两种：用好火腿、好鸡汤，再加上鲜笋、一钱冰糖把它煨烂煮熟，这是一种方法；用纯鸡汤加上细萝卜丝，把鱼翅拆碎放在里面，这些丝都会漂浮在碗的上面，让食客分辨不出萝卜丝和鱼翅，这也是一种做法。如果用加火腿的做法，汤应该少一点；用加萝卜丝的做法，汤就要多一点。总之以鱼翅软腻融洽为最好。如果海参因为太坚硬而触及鼻尖，鱼翅因为太生硬而夹脱到盘外，那可真要闹笑话了。吴道士在家做鱼翅，从来都不用鱼翅下面的部分，只单取用上半段，做出来的味道也是极好。做萝卜丝时需要焯两次水，才能去掉其中的异味。我曾经在郭耕礼家吃过一次鱼翅炒菜，那味道真是妙极了！只可惜我没有学到他的烹制方法。

鳆　鱼[①]

鳆鱼炒薄片甚佳，杨中丞[②]家削片入鸡汤豆腐中，号称“鳆鱼豆腐”，上加陈糟油[③]浇之。庄太守用大块鳆鱼煨整鸭，亦别有风趣。但其性坚，终不能齿决。火煨三日，才拆得碎。

【注释】

① 鳆（fù）鱼：又名鲍鱼，质地细腻，味道鲜美，是一种高蛋白、低脂肪的名贵食材。

② 中丞：古代官名。因中丞居殿中而得名，负责察举非案。明清时期各省巡抚也称中丞。

③ 糟油：中国传统食品，用料为糟汁、盐、味精。

【译文】

鳆鱼炒薄片非常美味，杨中丞家把鳆鱼削成小薄片，放入鸡汤豆腐中，取名为“鳆鱼豆腐”，再在上面浇上陈年糟油调味。庄太守家则用大块的鳆鱼煨炖一整只鸭子，也别有一番风味。但鳆鱼的质地本是十分坚硬的，单单依靠牙齿很难咬得动。所以需要先用火煨上三天，才能将其炖煮熟烂。

鲍鱼

选自《金石昆虫草木状》明彩绘本 （明）文俶 收藏于中国台北“中央图书馆”

鲍鱼味道鲜美，宋代文豪苏东坡吃后，连连夸赞，并在《鳆鱼行》中写道：“膳夫善治荐华堂，坐令雕俎生辉光。肉芝石耳不足数，醋笔鱼皮真倚墙。”

淡　菜[1]

淡菜煨肉加汤，颇鲜。取肉去心，酒炒亦可。

【注释】

① 淡菜：贻贝科动物的贝肉煮熟后加工成的干品，营养价值和药用价值都很高。

【译文】

用淡菜来煨肉煮汤，味道十分鲜美。将肉取出，清除腹中的内脏，用酒烹炒也是极佳的。

曹操脸谱

选自《百幅京剧人物图》册（清）佚名　收藏于美国纽约大都会艺术博物馆

曹操，字孟德，小字阿瞒。东汉末年权臣。曹操对鲍鱼情有独钟。在权贵的追捧下，鲍鱼的价格变得昂贵。《南史·褚彦回传》就记载道："时淮北属魏，江南无复鳆鱼，或有间关得至者，一枚直数千钱。"曹操死后，其子曹植便用鲍鱼祭奠他。

海　蝘[1]

海蝘，宁波小鱼也，味同虾米，以之蒸蛋甚佳。作小菜亦可。

【注释】

① 海蝘（yǎn）：小型食用鱼。

【译文】

海蝘，宁波出产的一种小鱼，味道如同虾米，用来蒸蛋是很好的。也可以当作小菜。

乌鱼蛋[1]

乌鱼蛋最鲜，最难服事[2]。须河水滚透，撤沙去臊，再加鸡汤、蘑菇煨烂。龚云若司马[3]家，制之最精。

【注释】

① 乌鱼蛋：用乌贼的卵加工而成的食材，其色乳白，蛋白质含量高，味道鲜美。

② 服事：处理、料理。

③ 司马：古代官名。殷商时代始置，掌管军政。隋唐以后为兵部尚书的别称。

【译文】

乌鱼蛋的味道最为鲜美，但也最难料理。必须用河水烧开煮透，才能将里面的泥沙和腥臊味清理干净，然后再加入鸡汤、蘑菇煨烂。这道菜要属龚云若司马家中做得最精巧地道。

江瑶柱[1]

江瑶柱出宁波，治法与蚶、蛏[2]同。其鲜脆在柱，故剖壳时多弃少取。

【注释】

① 江瑶柱：又名干贝，是用扇贝的闭壳肌制成的。它的壳子薄，肉质厚，质地鲜嫩，是海鲜中的上等珍品。

② 蛏（chēng）：海产贝类，内白外黄，肉味鲜美。

【译文】

江瑶柱产自宁波，烹饪的方法与蚶、蛏一样。它最鲜脆的地方在于肉柱部分，所以在剖壳剥离肉柱的时候要多弃少取。

蚌蛤

选自《海错图》册　（清）聂璜　收藏于中国台北故宫博物院

相传，唐文宗喜欢吃蛤蜊。在一次食蛤蜊时，有一只蛤蜊怎样掰都掰不开，唐文宗十分疑惑，心想可能是菩萨有所告诫，便开始焚香祷告，没想到蛤蜊壳果真张开了，里面还有两幅观音像。这让本就信佛的他十分高兴，连忙把这个蛤蜊装入金粟檀香盒，赐给兴善寺的众僧瞻礼。

隋炀帝像

选自《历代帝王图》卷 （唐）阎立本\原作 此为摹本 收藏于美国波士顿美术馆

隋炀帝爱吃蛤蜊。相传有一次，一个蛤蜊的外壳闭得非常紧，用锤子都敲打不开。隋炀帝疑惑不解，就让这个蛤蜊在案上一直放着。没承想到了深夜，蛤蜊的壳竟然自己打开了，里面还有一个佛祖和两个菩萨的图像。隋炀帝见状十分惊讶，以为是菩萨在告诫自己不能再犯杀戒。此后他再没吃过蛤蜊。

蛎　黄[①]

蛎黄生石子上，壳与石子胶粘不分。剥肉作羹，与蚶、蛤相似。一名鬼眼。乐清[②]、奉化[③]两县土产，别地所无。

【注释】

① 蛎（lì）黄：又名蚝或牡蛎，软体动物，常用壳附在其他生物体上。既可以作为食物，也可以加工成蚝油。

② 乐清：今浙江省乐清市。

③ 奉化：今浙江省奉化市。

【译文】

牡蛎生长在石头上，它的壳与石子紧紧黏合在一起，难以分开。剥出来的肉可以烹制成羹，做法与蚶、蛤相似。又称为鬼眼。是浙江乐清、奉化两地的土特产，别的地方无此物。

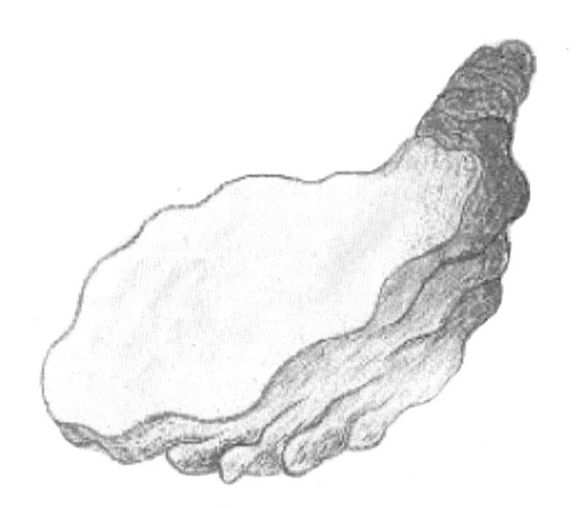

牡蛎

选自《海错图》册　（清）聂璜
收藏于中国台北故宫博物院

牡蛎的一个品种叫生蚝。苏轼被贬海南后，喜欢上了吃生蚝。苏轼不仅爱吃，还创新了一种吃法，记录到《食蚝》中："己卯冬至前二日，海蛮献蚝。剖之，得数升。肉与浆入与酒并煮，食之甚美，未始有也。"

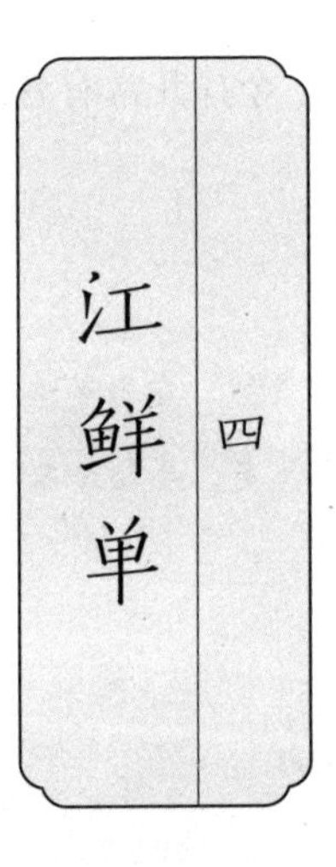

四 江鲜单

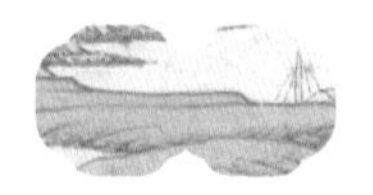

郭璞[1]《江赋》鱼族甚繁。今择其常有者治之。作《江鲜单》。

【注释】

① 郭璞：字景纯。东晋著名学者、堪舆家。他所著的《江赋》文字优美，生动地描述了长江两岸的鸟兽草木、神仙志怪等。

韩愈像

选自《至圣先贤半身像》　佚名　收藏于中国台北故宫博物院

唐代文学家韩愈在《荐士》中写道：“救死具八珍，不如一箪犒。”其中的“八珍”指的是八种珍贵的原料，最早出自《周礼·天官·膳夫》：“淳熬、淳母、炮豚、炮牂、捣珍、渍、熬、肝膋。”八珍的定义，各个朝代不相一致。

【译文】

郭璞所著的《江赋》中记载了很多鱼类。现在就选择一些常见的鱼类和烹饪方法。为此作了《江鱼单》。

刀鱼[①]二法

刀鱼用蜜酒酿、清酱，放盘中，如鲥鱼法，蒸之最佳，不必加水。如嫌刺多，则将极快刀刮取鱼片，用钳抽去其刺。用火腿汤、鸡汤、笋汤煨之，鲜妙绝伦。金陵人畏其多刺，竟油炙极枯[②]，然后煎之。谚曰："驼背夹直，其人不活。"[③]此之谓也。或用快刀，将鱼背斜切之，使碎骨尽断，再下锅煎黄，加作料，临食时竟不知有骨。芜湖陶大太[④]法也。

【注释】

① 刀鱼：又称刀鲚（jì）、毛鲚，是一种洄游鱼类。因其体形狭长侧薄，如同尖刀，故得此名。

② 枯：这里指的是鱼刺焦枯后，就会变得酥软。

③ 驼背夹直，其人不活：谚语。意思是把驼背人的脊骨夹直，人也就没命了。后多指为了纠正缺陷，而采取过激的行为，会适得其反。

④ 陶大太：乾隆年间芜湖名厨，独创了一套烹制刀鱼的方法。

【译文】

刀鱼用甜酒酿、清酱腌制过后，放在盘子里，再用蒸煮鲥鱼的方法，蒸出来的味道就是最好的，根本不用加水。如果嫌鱼的刺多，就用锋利的刀刃刮取鱼片，再用钳子将鱼刺拔去。用火腿汤、鸡汤、笋汤来煨煮，味道简直鲜美极了。金陵人害怕刀鱼刺多，于是就用油烘烤到鱼刺枯焦变酥软后，再继续煎。俗话讲："驼背夹直，其人不活。"说的就是这个道理。或者用锋利的刀在鱼背上斜切，把鱼的骨头全都剁碎，再下到油锅里煎黄，加上作料，食用的时候竟然感觉不到一点鱼骨。这是芜湖陶大太家的做法。

《唐明皇招饮李白图》

（明）佚名　收藏于美国波士顿博物馆

唐代诗人李白写下众多与酒相关的诗句。其中的《金陵酒肆留别》："风吹柳花满店香，吴姬压酒唤客尝。金陵子弟来相送，欲行不行各尽觞。"描述了李白与金陵好友以酒作别的场景。

鲥 鱼

鲥鱼用蜜酒蒸食，如治刀鱼之法便佳。或竟用油煎，加清酱、酒酿亦佳。万不可切成碎块，加鸡汤煮；或去其背，专取肚皮，则真味[1]全失矣。

【注释】

① 真味：这里指的是原味。

【译文】

鲥鱼用甜酒蒸着吃，如烹制刀鱼的方法就很好。或者直接用油煎的方式，加上清酱、酒酿也很好。但千万不要把鱼切成碎块，加鸡汤煮；或是剔掉鱼背上的骨头，只留下鱼腹的部分，如此鲥鱼的原味就全没了。

汉光武帝像

选自《历代帝王圣贤名臣大儒遗像》册 （清）佚名 收藏于法国国家图书馆

光武帝刘秀是东汉开国皇帝，在他争夺天下时，好友严光曾做出很大贡献。刘秀本想让他入仕为官，遭到严光婉拒。刘秀不死心，去严光隐居的富春山寻找。两人相见后，严光给刘秀做了一道“清蒸鲥鱼”，说道：“世人都认为读书人的目标是做官，其实不然。好比这鲥鱼，人们都以为要去掉鱼鳞，但保留鱼鳞蒸煮，味道才更鲜美。”刘秀听后，终于明白严光的志向，带着随从离开了。

明太祖坐像

选自《历代帝后像轴》轴 （明）佚名 收藏于中国台北故宫博物院

明太祖朱元璋定都南京后，因为离长江比较近，所以鲥鱼经常出现在宫廷宴席上。除此之外，朱元璋还将鲥鱼定为祭祀宗庙的贡品。

鲟　鱼

尹文端公[①]，自夸治鲟鳇[②]最佳。然煨之太熟，颇嫌重浊。惟在苏州唐氏，吃炒鳇鱼片甚佳。其法切片油炮[③]，加酒、秋油滚三十次，下水再滚起锅，加作料，重用瓜姜、葱花。又一法，将鱼白水煮十滚，去大骨，肉切小方块，取明骨[④]切小方块；鸡汤去沫，先煨明骨八分熟，下酒、秋油，再下鱼肉，煨二分烂起锅，加葱、椒、韭，重用姜汁一大杯。

【注释】

① 尹文端公：即尹继善，字元长，号望山，雍正朝进士，谥文端。

② 鲟鳇（xún huáng）：起源于一亿三千万年前的白垩纪，是中国淡水鱼类中体重最大的鱼类，长 3 ~ 7 米，无鳞。

③ 油炮：即油爆，指的是用热油爆炒食物的烹调方法。

④ 明骨：鲟鳇的头骨，质地柔软，呈白色，味道鲜美。

【译文】

尹文端公，自夸最擅长做鲟鳇鱼。但他把鱼煨得太熟，使整个鲟鳇鱼的味道有点浓浊。我只在苏州的一户姓唐的人家吃到的炒鲟鱼片的味道才是真的好。其做法是把鲟鱼切片后用油爆炒，加入酒、秋油在锅中滚上三十次，然后再加水烧开起锅，加入作料，多放一些瓜姜、葱花。另一种做法是，将鱼先放入白水中煮十滚，然后去掉大鱼骨，把鱼肉切成小方块，再取出鱼的头骨也切成小方块；撇去鸡汤中浮起的沫，

清圣祖康熙像

选自《历代帝王圣贤名臣大儒遗像》册 （清）佚名 收藏于法国国家图书馆

康熙帝29岁时，曾东巡到吉林，顺着松花江到达大乌喇虞村。随行的侍从下江捕鱼，其中就有鲟鳇鱼。因其体形硕大，能彰显皇家威严，深受康熙帝喜爱，并赋诗《御制鳇诗》："更有巨尾压船头，载以牛车轮欲折。水寒冰结味益佳，远笑江南夸鲂鲫。"

清高宗乾隆像

选自《历代帝王圣贤名臣大儒遗像》册 （清）佚名 收藏于法国国家图书馆

乾隆帝到关外祭拜先祖时，曾去吉林的松花江捕鱼。和他的祖父康熙帝一样，乾隆帝也十分喜爱鲟鳇鱼，曾作诗《咏鲟鳇鱼》："有目鳏而小，无鳞巨且修。鼻如矜闒戟，头似戴兜鍪。一雀安能齧，半豚底用投。伯牙鼓琴处，出听集澄流。"不仅如此，乾隆帝还在吉林专门设置"打牲乌拉总管衙门"，来制定采捕鲟鳇鱼的相关制度，供皇室专用。

先将软骨煨到八分熟，加入酒、秋油，再下入鱼肉，煨煮到二分烂后起锅，加入葱、椒、韭，以及一大杯姜汁，就可以食用了。

黄　鱼[1]

黄鱼切小块，酱酒郁[2]一个时辰，沥干。入锅爆炒两面黄，加金华[3]豆豉[4]一茶杯，甜酒一碗，秋油一小杯，同滚。候卤干色红，加糖，加瓜姜收起，有沉浸浓郁之妙。又一法，将黄鱼拆碎，入鸡汤作羹，微用甜酱水、纤粉收起之，亦佳。大抵黄鱼亦系浓厚之物，不可以清治之也。

【注释】

① 黄鱼：又名黄花鱼，有大黄鱼和小黄鱼两类。营养丰富，是中国传统经济鱼种之一。

② 郁：指的是食物在密封的状态下浸泡。

③ 金华：即浙江省金华市。

④ 豆豉（chǐ）：一种发酵豆制品调料，主要以黄豆或黑豆作为原料，经发酵制成，多用于调味，也可入药。

石首鱼

选自《金石昆虫草木状》明彩绘本　（明）文俶　收藏于中国台北“中央图书馆”

石首鱼就是黄花鱼，因其鱼头中有两块坚硬的石头，故得此名。

端阳

选自《岁华纪胜图》册　（明）吴彬　收藏于中国台北故宫博物院

端阳节是农历五月初五，古时候的风俗是要在这天吃“五黄”，即黄鱼、黄瓜、黄豆、蛋黄和雄黄酒。其中的黄花鱼备受人们喜爱，明末清初散文家汪琬写诗赞美道：“三吴五月炎蒸初，楝树著雨花扶疏。此时黄鱼最称美，风味绝胜长桥鲈。”

【译文】

将黄鱼切成小块，用酱油和酒密封腌制两个小时，将其沥干。然后放入锅中爆煎到两面呈黄色，加入一茶杯金华豆豉，一碗甜酒，一小杯秋油，在锅中一同滚煮。等到卤干后颜色变红，再加糖，加瓜姜后起锅，吃起来浸润浓郁，口感绝妙。另一种做法，是将黄鱼拆碎，加入鸡汤做成羹，稍微用一点甜酱水、芡粉收汁起锅，味道也是极佳的。或许黄鱼是一种味道极其浓厚的食材，所以绝对不可以用清淡的方法烹制。

班　鱼[①]

班鱼最嫩，剥皮去秽，分肝、肉二种，以鸡汤煨之，下酒三分、水二分、秋油一分；起锅时，加姜汁一大碗、葱数茎，杀去[②]腥气。

【注释】

① 班鱼：形状像河豚，刺多肉少。

② 杀去：除去，清除。

【译文】

班鱼肉最为鲜嫩，将其剥皮清除内脏后，分为肝脏、肉两种，用鸡汤煨煮，再加上三分酒、二分水、一分秋油；起锅的时候，加上一大碗姜汁、几根葱，就可以有效去除鱼的腥味了。

河豚

选自《金石昆虫草木状》明彩绘本 （明）文俶 收藏于中国台北“中央图书馆”

虽然河豚体内含有毒素，但其美味无比的口感让人难以抗拒，范成大在《河豚叹》一诗中感慨道：“百年三寸咽，水陆富肴蔌。一物不登俎，未负将军腹。为口忘计身，饕死何足哭。”

假 蟹

煮黄鱼二条，取肉去骨，加生盐蛋四个，调碎，不拌入鱼肉；起油锅炮，下鸡汤滚，将盐蛋搅匀，加香蕈、葱、姜汁、酒，吃时酌用醋。

【译文】

烹煮好两条黄鱼，取肉并去掉骨头，再加上四个生盐蛋，打散调碎，暂时先不要拌入鱼肉；起油把黄鱼在油锅中爆煎好，下入鸡汤烧滚，再将盐蛋搅合均匀，加上香菇、葱、姜汁、酒，吃的时候还可以适当加一些醋。

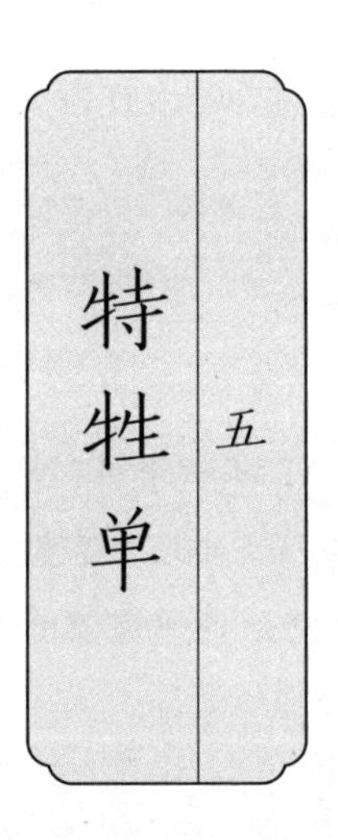
特牲单
五

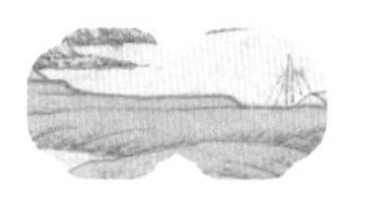

猪用最多，可称“广大教主”[1]。宜古人有特豚[2]馈食之礼。作《特牲单》。

【注释】

① 广大教主：佛教用语。是佛教徒对释迦牟尼的尊称。这里指的是各种菜品的首领。

② 特豚：古代祭祀时用一头牛或一头猪，称为特牲。特豚指的是整头猪。

【译文】

猪肉是菜式中最常用的食材，可以称得上是众多食材中的首领。因此古人有用整头猪当作礼品互相赠予的礼节。在此作《特牲单》。

▼《雍正帝祭先农坛图》上卷

（清）佚名　收藏于故宫博物院

图中描绘的是雍正帝在先农坛祭祀的场景。坛上的祭品有“羊一，豕一，帛一，豆四，铏、簠、簋各二”。其中的“豕”就是猪，代表富足。

猪头二法

洗净五斤重者，用甜酒三斤；七八斤者，用甜酒五斤。先将猪头下锅同酒煮，下葱三十根、八角三钱，煮二百余滚；下秋油一大杯、糖一两，候熟后尝咸淡，再将秋油加减；添开水要漫过猪头一寸，上压重物，大火烧一炷香；退出大火，用文火细煨，收干以腻为度。烂后即开锅盖，迟则走油。一法打木桶一个，中用铜帘[①]隔开，将猪头洗净，加作料闷[②]入桶中，用文火隔汤蒸之，猪头熟烂，而其腻垢悉从桶外流出，亦妙。

【注释】

① 铜帘：指的是用铜制作而成的隔断，用来蒸煮。

② 闷：同“焖”，这里指的是盖紧锅盖，用小火将食物煮熟。

【译文】

将五斤重的猪头清洗干净，放入三斤甜酒；如果是七八斤重的猪头，就放入五斤甜酒。先将猪头下锅和酒一起蒸煮，放入三十根葱、三钱八角，加水煮开二百多滚；倒入一大杯秋油、一两糖，等肉煮熟后尝一尝咸淡，根据情况加减秋油；加入开水的时候要没过猪头的一寸，再在上面压重物，用大火烧一炷香的工夫；随后退出大火，再用小火煨煮，以汤汁烧干、肉质滑腻为标准。猪肉烂熟后要及时打开锅盖，否则就会出现走油的情况。另一种方法是先做一个木桶，中间用铜帘子隔开，将猪头洗干净，加上作料后放进木桶里焖煮，用小火隔着汤汁蒸煮，等到猪头蒸熟焖烂的时候，里面油腻的垢物就会从桶里流出来，口感非常好。

豝

选自《诗经名物图解》册　［日］细井徇　收藏于日本东京国立国会图书馆

豝的本义是母猪，最早出现在《诗·召南·驺虞》中的："彼茁者葭，壹发五豝，于嗟乎驺虞！"

猪蹄四法

蹄膀[①]一只，不用爪，白水煮烂，去汤，好酒一斤，清酱油杯半，陈皮[②]一钱，红枣四五个，煨烂。起锅时，用葱、椒、酒泼入，去陈皮、红枣，此一法也。又一法：先用虾米煎汤代水，加酒、秋油煨之。又一法：用蹄膀一只，先煮熟，用素油灼皱其皮，再加作料红煨。有士人[③]好先掇食其皮，号称"揭单被"。又一法：用蹄膀一个，两钵合之，加酒、加秋油，隔水蒸之，以二枝香[④]为度，号"神仙肉"。钱观察家制最精。

【注释】

① 蹄膀：猪腿的最上部，北方也叫肘子。

② 陈皮：即橘皮，将橘子的果皮晾干或烘制所得。既可用作中药材，又可以用于烹调，去除腥味。

③ 士人：指的是古代的读书人。

④ 二枝香：古代用燃香计时，一枝香为一个计时单位。二枝香约为今天的一个小时。

【译文】

用蹄膀一只，去掉爪子的部分，用白水将其煮烂，再把汤倒掉，加入一斤上等酒，半酒杯清酱油，一钱陈皮，四五颗红枣，然后用火煨烂。起锅的时候，把葱、椒、酒泼到里面，去掉陈皮、红枣，这是一种制作方法。另一种方法是：先用虾米煎汤代替水，再加入酒、秋油进行煨煮。还有一种方法：取用蹄膀一只，先将其煮熟，再用植物油煎烧至皮变皱，再加入作料进行红焖。有些读书人喜欢把蹄膀先剥了皮吃，这种吃法叫作“揭单被”。还有一种方法：选取蹄膀一个，放进两个合紧的钵内，加入酒、秋油，隔着水进行蒸煮，以两柱香的时间为准，被称为“神仙肉”。这道菜钱观察家做得最精致了。

猪

选自《生肖人物图》册　（清）任薰　收藏于天津艺术博物院

陕西、江西一带有送猪蹄的婚俗。结婚前一天，男方要送一对猪蹄、四斤猪肉，叫作“礼吊”。女方收下后，要退回猪前蹄。等婚后第二天，夫妻要带着猪后蹄和双份挂面回娘家，猪后蹄也要退回，当地称之为“蹄蹄来，蹄蹄去”。

《鹿鸣嘉宴图》轴

（明）谢时臣　收藏于中国台北故宫博物院

鹿鸣宴始于唐代，随着科举制度而产生。放榜之后，从朝廷到地方，设宴款待新科举子的一种活动。另外，因古代科举中榜的进士名字会用朱笔画圈圈住，“猪蹄”恰巧谐音“朱提”，所以古人有送猪蹄来表达金榜题名的美好祝愿。

猪爪、猪筋

专取猪爪，剔去大骨，用鸡肉汤清煨之。筋味与爪相同，可以搭配；有好腿爪，亦可搀入。

【译文】

专门取猪的爪子部分，剔除里面的大骨，用鸡汤清炖。猪蹄筋的味道与猪爪相同，可以搭配着一起食用；如果有上好的腿爪，也可以掺杂在一起烹煮。

陶猪

收藏于国家博物馆

周代，猪的地位低于牛肉和羊肉。《大戴礼记》中提道："诸侯之祭，牲牛，曰太牢；大夫之祭，牲羊，曰少牢；士之祭，牲特豕，曰馈食。"其中猪最普通，所以在祭祀的时候，最低级的士只能吃猪肉。

猪肚[1]二法

将肚洗净，取极厚处，去上下皮，单用中心，切骰子[2]块，滚油炮炒，加作料起锅，以极脆为佳。此北人法也。南人白水加酒，煨两枝香，以极烂为度，蘸清盐食之，亦可；或加鸡汤作料，煨烂熏切，亦佳。

【注释】

① 猪肚：猪的胃。

② 骰（tóu）子：一种传统民间用来投掷的游戏用具，可用于占卜、行酒令、赌博等。

【译文】

把猪肚清洗干净，选择其最厚的部位，去掉上下的皮，只取用中心的一块，切成骰子大小的块状，用滚油爆炒，加入作料以后再起锅，以猪肚被炸得极脆为最好。这是北方人

新石器时代河姆渡文化猪纹陶钵

猪又称为“豕”，“家祭即以豕为之，陈豕于室，合家而祀”，这就是“家”字的本意。

的一种做法。南方人是将猪肚用白水加入酒，然后煨煮上两炷香的时间，以猪肚煮得极烂为标准，吃的时候蘸一些清盐，也是不错的；或是加入一些鸡汤作料，煨烂后将其熏干切片，口感也极佳。

猪肺二法

洗肺最难，以冽[1]尽肺管血水，剔去包衣[2]为第一着。敲之仆[3]之，挂之倒之，抽管割膜，工夫最细。用酒水滚一日一夜。肺缩小如一片白芙蓉，浮于水面，再加上作料。上口如泥。汤西厓[4]少宰[5]宴客，每碗四片，已用四肺矣。近人无此工夫，只得将肺拆碎，入鸡汤煨烂，亦佳。得野鸡汤更妙，以清配清故也。用好火腿煨亦可。

【注释】

① 冽：同“沥”，意思是沥干，冲刷洗净。

② 包衣：这里指的是猪肺表面淡黄色的附着物。

③ 仆：同“扑”，意思是敲打。

④ 汤西厓（yá）：即汤右曾，字西厓，康熙年间的进士。

⑤ 少宰：古代官名。明清时期是吏部侍郎的别称。

【译文】

想把猪肺洗干净是件很难的事，首先要将肺管里的血水冲刷干净，剔除包衣是第一步。随后，敲、打、挂、倒，抽去肺管中的隔膜，这道功夫最为细致。随后用酒水滚煮上一天一夜。等到肺缩小到像一片白芙蓉一样，浮在水面上，再加入作料。吃的时候软烂如泥。汤西厓少宰宴请宾客的时候，每碗四片，却已经用了四个猪肺了。现在的人没有这个功夫，只好将肺拆碎，用鸡汤煨烂，口感极佳。如果有野鸡汤就更妙了，这是以清汤配清食的道理。选用上好的火腿一起煨煮也是可以的。

野猪

选自《金石昆虫草木状》明彩绘本　（明）文俶　收藏于中国台北“中央图书馆”

相传汉武帝刘彻刚出生时，他的母亲梦到一头金猪。古代有一种说法，说龙的原型就是猪，所以刘彻的父亲很高兴，便给他取了一个小名，叫“彘儿”。彘的古义就是野猪。

猪　腰

腰片炒枯[①]则木，炒嫩则令人生疑。不如煨烂，蘸椒盐食之为佳。或加作料亦可。只宜手摘，不宜刀切。但须一日工夫，才得如泥耳。此物只宜独用，断不可搀入别菜中，最能夺味而惹腥。煨三刻[②]则老，煨一日则嫩。

【注释】

① 枯：这里指炒的时间过长，肉质就变老了。

② 三刻：古代将一天一夜分为百刻，三刻约为今天的四十三分钟。

【译文】

猪腰片炒老了就会生硬，炒嫩了又会让人怀疑没有熟。不如直接把它煨烂，蘸上一些椒盐吃最好。或者加上一些其他的作料也可以。这种做法只适宜用手撕开吃，而不适宜用刀切。烹调需要一天的工夫，这样才能将其煮熟入泥。猪腰只适宜单独烹制，断然不能掺杂在别的菜里，因为猪腰是一种最能夺味且腥气重的食材。用火煨上三刻的时间则比较老，煨上一天的时间又变得很嫩了。

猪里肉[①]

猪里肉，精而且嫩。人多不食。尝在扬州谢蕴山[②]太守[③]席上，食而甘之。云以里肉切片，用纤粉团成小把，入虾汤中，加香蕈、紫菜清煨，一熟便起。

【注释】

① 猪里肉：即猪里脊肉，长在猪的脊椎骨内侧的条状嫩肉，肉质较嫩，容易消化。

② 谢蕴山：即谢启昆，字蕴山，号苏潭。清代著名学者。

③ 太守：古代官名。战国时期是郡守的尊称，汉代改名为太守。

清代肉形石

收藏于中国台北故宫博物院

肉形石是碧石类矿物，色泽鲜亮，质地较软，让人很容易联想到鲜嫩多汁的“东坡肉”。

【译文】

猪里脊肉，质地精细而且柔嫩，但很多人却不知道该如何食用。我曾经在扬州谢蕴山太守家吃过，品尝起来非常可口。据说是把里脊肉切成片，用芡粉团成一小把，放到虾汤里面，再加入香菇、紫菜清汤煨煮，只要一熟就马上起锅。

白片肉

须自养之猪，宰后入锅，煮到八分熟，泡在汤中，一个时辰取起。将猪身上行动之处[①]，薄片上桌，不冷不热，以温为度。此是北人擅长之菜。南人效之，终不能佳。且零星市脯[②]，亦难用也。寒士[③]请客，宁用燕窝，不用白片肉，以非多不可故也。割法须用小快刀片之，以肥瘦相参，横斜碎杂为佳，与圣人“割不正不食”一语，截然相反。其猪身，肉之名目甚多，满洲“跳神肉”[④]最妙。

【注释】

① 猪身上行动之处：猪身上经常活动的部位，这里指的是猪的前后腿。

② 市脯：指的是从市场上买回来的肉制品。

③ 寒士：原指出身卑微的读书人，后来泛指贫困的读书人。

④ 跳神肉：专指白肉，其烹制的发源地是东北地区。古书记载，满人有一个传统大礼，名为“跳神仪”，在敬神祭祖时就会吃白水煮的猪肉。

【译文】

做白片肉应该选用自己家养的猪，经过宰杀后放入锅里，煮到八分熟后，将其浸泡在汤里，两个小时以后捞出来。将猪平日里活动较多的部位，切成薄片上桌，不冷不热，以口感温和为标准。这是北方人擅长做的一道菜肴。南方人效仿这种做法，烹调出来的就没那么好。而且猪肉都是零星从市场上买来的制品，很难用来料理成白肉。贫穷的读书人请客时，宁可选择燕窝，也不会选择白片肉，因为制作白片肉需要的猪肉数量很多。其切割的方法是用小快刀将肉一点点地片下来，以肥瘦相间、横斜混杂为最佳，这似乎与孔子“割不正不食”的说法截然相反。猪身各部分的肉名目很多，其中满人的“跳神肉”是最好的。

红煨肉三法

或用甜酱，或用秋油，或竟不用秋油、甜酱。每肉一斤，用盐三钱，纯酒煨之；亦有用水者，但须熬干水气。三种治法皆红如琥珀，不可加糖炒色。早起锅则黄，当可则红，过迟则红色变紫，而精肉转硬。常起锅盖，则油走而味都在油中矣。大抵割肉虽方，以烂到不见锋棱，上口而精肉俱化为妙。全以火候为主。谚云：“紧火粥，慢火肉。”至哉言乎！

【译文】

烹制红烧肉有用甜酱的，也有用秋油的，还有的甚至连秋油、甜酱都不用。每一斤肉，要用三钱的盐，再用纯酿的酒煨煮；也有用水煨煮的，但必须熬干其中的水分。这三种烹制方法做出来的红烧肉都红得如同琥珀，不可以加糖来炒色。红烧肉起锅早了颜色会发黄，恰到好处便呈现红色，起锅迟了红色就会变为紫色，而且瘦肉部分也会跟着变老。如果在烹煮的时候经常揭开锅盖，那么油就会流失，味道都跑到油里去了。一般要把肉切成四方块，以煨到软烂不见棱角，入口后瘦肉也能融化为最妙。这道菜的烹制技术主要是火候的掌控。俗话说："紧火粥，慢火肉。"这真是至理名言啊！

《苏东坡像》

（元）赵孟頫　收藏于中国台北故宫博物院

苏轼被贬黄州，因为贫穷吃不起羊肉，就用猪肉解馋，结果发现猪肉也很好吃，于是写出《猪肉颂》："黄州好猪肉，价贱如泥土。贵者不肯吃，贫者不解煮。"苏轼还发明了"红烧肉"（即东坡肉）的做法。

白煨肉

每肉一斤，用白水煮八分好，起出去汤。用酒半斤，盐二钱半，煨一个时辰。用原汤一半加入，滚干汤腻为度，再加葱、椒、木耳、韭菜之类。火先武后文。又一法：每肉一斤，用糖一钱，酒半斤，水一斤，清酱半茶杯。先放酒，滚肉一二十次，加茴香一钱，加水闷烂，亦佳。

韭菜

选自《中国自然历史绘画·本草集》 佚名

《诗经·豳风·七月》中记载：“四之日其蚤，献羔祭韭。”说明韭菜是古代祭祀的贡品之一。如今，民间自制的韭菜花酱是一种极其美味的调味品。

胡椒

选自《中国自然历史绘画·本草集》 佚名

胡椒原产于印度，汉代传入中国，因其比较稀少，所以很贵重，通常都靠西域进贡获得。现在的胡椒种类多种多样，香中带辣，常用于祛腥提味。

蒜

选自《中国自然历史绘画·本草集》 佚名

蒜是烹饪中最常见的调味品之一，相传是张骞出使西域后引进的。其味道辛辣，被广泛用于各种美食中，提升菜肴的口感。

香菜

选自《金石昆虫草木状》明彩绘本 （明）文俶 收藏于中国台北“中央图书馆”

香菜有着特殊的香气，可以提味去腥，起到开胃和促进消化的作用，通常放在汤类和凉拌菜中。

【译文】

白煨肉要取一斤的肉，用白水煮到八分熟，起锅去掉汤汁。然后用半斤的酒，二钱半的盐，煨煮两个小时。再放入一半的原汤，滚水煮到汤汁稠腻为准，再加上葱、椒、木耳、韭菜之类的辅料。烹调时要先大火后小火。还有一种方法是：取一斤的肉，加一钱的糖，半斤的酒，一斤的水，半茶杯的清酱。然后先加入酒，把肉放入滚水烹煮一二十次，再加入一钱茴香，加水焖烂，也是很不错的。

油灼肉

用硬短勒切方块，去筋襻①，酒酱郁过，入滚油中炮炙②之，使肥者不腻，精者肉松。将起锅时，加葱、蒜，微加醋喷之。

【注释】

① 筋襻（pàn）：指的是瘦肉或骨头上附着的白色条状物。

② 炮（páo）炙：处理中药材的一种加工方法，这里指的是将肉放入油锅中滚炸。

【译文】

将五花肉切成方块，去掉上面的筋膜，用酒和酱腌制一下，放入滚烫的油锅煎炸，这样能使肥的部分吃起来不油腻，瘦的部分肉质更加松软。等到快要起锅的时候，加入葱、蒜，再稍微喷上一点醋。

干锅蒸肉

用小磁钵[①]，将肉切方块，加甜酒、秋油，装入钵内封口，放锅内，下用文火干蒸之。以两枝香为度，不用水。秋油与酒之多寡，相[②]肉而行，以盖满肉面为度。

【注释】

① 磁钵：瓷碗。

② 相：根据，依据。

【译文】

准备一个小瓷碗，把肉切成方块，加上甜酒、秋油，装入瓷碗中封口，然后放进锅里，用小火干蒸。蒸大概两炷香的工夫，也不用加水。秋油和酒的多少，要依据肉量的多少而定，一般以没过肉面为标准。

盖碗装肉

放手炉上。法与前同。

【译文】

将肉放在手炉上进行烹煮。做法与前面的相同。

磁坛装肉

放砻[1]糠中慢煨。法与前同。总须封口。

【注释】

① 砻（lóng）：指的是用来去除稻壳的器具，形状略像磨。

【译文】

用稻壳作为燃料，慢火煨煮肉。做法与前面的相同。一定要把坛口密封严实。

砻磨图

选自《农书》明刊本　（元）王祯

用来碾稻去壳的农具。

脱沙肉

去皮切碎，每一斤用鸡子①三个，青黄②俱用，调和拌肉。再斩碎，入秋油半酒杯，葱末拌匀，用网油③一张裹之。外再用菜油四两，煎两面，起出去油。用好酒一茶杯，清酱半酒杯，闷透，提起切片。肉之面上，加韭菜、香蕈、笋丁。

【注释】

① 鸡子：即鸡蛋。

② 青黄：指的是鸡蛋里的蛋白和蛋黄。

明武宗朱厚照像

选自《历代帝王圣贤名臣大儒遗像》册 （清）佚名 收藏于法国国家图书馆

明朝以朱为国姓，民间须避猪讳，百姓生活多有不便，甚至引发了极端事件。明武宗朱厚照生肖属猪，一次生日宴会上，他看到用猪肉做的菜肴，大为不悦，于是颁布《禁猪令》，禁止民间养猪、杀猪，由于猪乃六畜之首，势必严重影响社会生产生活，引起百姓极大不满。迫于各方面压力，仅仅三个月后，明武宗便悄悄取消了禁令。

③ 网油：猪油的一种，取自猪的大网膜脂肪，呈网状，所以叫网油。

【译文】

将肉去皮切碎，每一斤肉用三个鸡蛋，蛋白和蛋黄都一起用，调和好与肉搅拌在一起。再把肉剁碎，加入半酒杯秋油，与葱末搅拌均匀，用一张猪网油把肉馅包好。另外再用四两菜油，将肉的两面煎好，起锅去掉油脂。然后加入一茶杯好酒，半酒杯清酱，在锅中将其焖透，再把肉切成片。在肉的上面，加入韭菜、香菇、笋丁。

晒干肉

切薄片精肉，晒烈日中，以干为度。用陈大头菜①，夹片干炒。

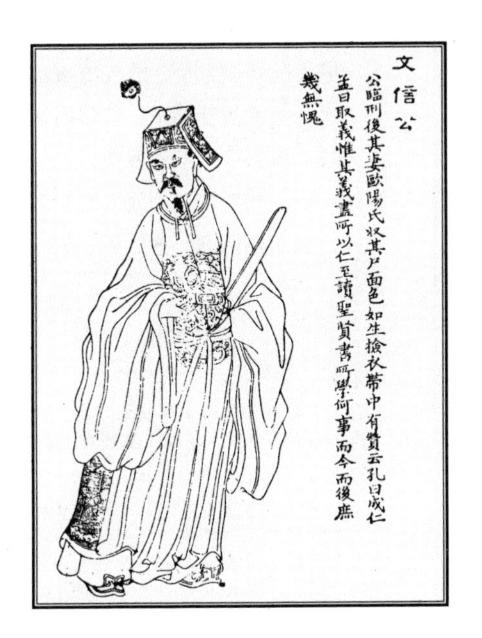

文天祥像

选自《晚笑堂竹庄画传》清刊本
（清）上官周

文天祥是南宋著名的文学家、抗元名臣。南宋末年时，文天祥去南剑州募兵，在路过明溪的时候，当地的百姓将猪瘦肉切成薄片，然后用香料腌制，制作成肉脯干，以便行军队伍随时携带和食用。文天祥吃后极为称赞，明溪肉脯干也因此声名远播。

【注释】

① 大头菜：一般指芥菜疙瘩，也指榨菜，这里是经过腌制而成的咸菜。

【译文】

将精瘦肉切成薄片，暴晒在烈日当中，直到晒干为止。再用陈年的大头菜，夹着肉片一起干炒。

火腿煨肉

火腿切方块，冷水滚三次，去汤沥干；将肉切方块，冷水滚二次，去汤沥干。放清水煨，加酒四两、葱、椒、笋、香蕈。

【译文】

把火腿切成方块，放入冷水滚煮三次，去除汤汁沥干；把猪肉切成方块，放入冷水滚煮两次，去除汤汁沥干。然后把它们放入清水中煨煮，加入四两酒、葱、椒、笋、香菇。

宗泽像

选自《古圣贤像传略》清刊本

（清）顾沅 / 辑录，（清）孔莲卿 / 绘

宗泽是北宋抗金名将。相传，宗泽在回老家探亲时，乡亲们献上腌制好的咸猪腿。宗泽回京后，将咸猪腿献给皇帝。皇帝品尝后十分喜欢，因其剖开的肉色鲜红如火，于是将其命名为“火腿”。

台[1]鲞[2]煨肉

法与火腿煨肉同。鲞易烂，须先煨肉至八分，再加鲞；凉之则号“鲞冻”，绍兴人菜也。鲞不佳者，不必用。

【注释】

① 台：指的是今浙江台州。

② 鲞（xiǎng）：原意是剖开晾干的鱼，后泛指鱼干，腌肉。

【译文】

台鲞煨肉的制作方法与火腿煨肉的方法相同。台鲞是一种很容易煨烂的食材，所以应该先将肉煨到八分熟，然后再加入台鲞；炖好放凉后被称为“鲞冻”，是绍兴人喜欢的菜式。如果鲞不够新鲜，就不要食用了。

卖猪肉

选自《清国京城市景风俗图》册　（清）佚名　收藏于法国国家图书馆

《韩非子》中记载一个故事，讲的是曾子的妻子要去集市，见儿子哭闹着也要跟着去，便哄骗说：“你要是在家待着，回来就给你杀猪吃。”妻子回来后，看到曾子正要杀猪，连忙阻止。曾子说道：“不能对小孩子开玩笑，否则就是欺骗他。”曾子杀猪，就是要以身作则，希望他的孩子也能言而有信。

粉蒸肉

用精肥参半之肉，炒米粉黄色，拌面酱蒸之，下用白菜作垫。熟时不但肉美，菜亦美。以不见水，故味独全。江西人菜也。

【译文】

用猪身上肥瘦相间的肉，把米粉炒成黄色，然后拌上面酱进行蒸煮，肉下面垫上白菜。这样蒸熟后不但肉质鲜美，菜也极其美味。由于在烹制的时候没有加水，所以食材的味道得以保全下来。这是江西人青睐的一道名菜。

熏煨肉

先用秋油、酒将肉煨好，带汁上木屑，略熏之，不可太久，使干湿参半，香嫩异常。吴小谷[①]广文[②]家，制之精极。

【注释】

① 吴小谷：即吴玉墀，字兰陵，号纱谷。乾隆年间的举人。

② 广文："广文先生"的简称。泛指清贫闲散的儒学教职。

【译文】

先用秋油、酒将肉煨好，然后带着汤汁放在木屑上，略微熏制一下，但不可以太久，这样就可以使食材半湿半干，吃起来极其香嫩。吴小谷广文家烹制的这道菜十分精致。

西汉猪圈和厕所

汉代的《释名·释宫室》中记载："厕，言人杂在上,非一也。或曰'溷'，言溷浊也。或曰'圊'，言至秽之处，宜常修治使洁清也。"可见，这时候人们已将厕所和猪圈相结合。

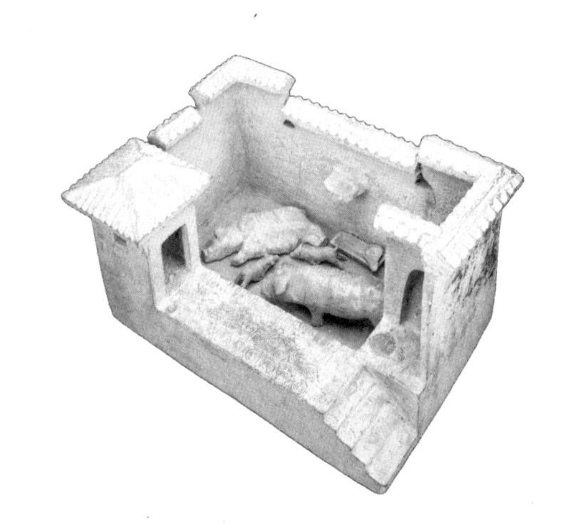

东汉铅绿釉陶猪圈

清代左辅的《合肥县志》提到猪圈的三大优点。一是猪圈的垫土可以每月更替，用来作肥料；二是把猪养在圈里，可以防止猪破坏庄稼；三是可以促进邻里之间和睦相处。

东汉猪圈与塔

养猪的便利之处，在于猪是杂食动物。它不仅可以吃残羹剩饭，还能消化人们吃不了的瓜皮等。

芙蓉肉

精肉一斤，切片，清酱拖过，风干一个时辰。用大虾肉四十个，猪油二两，切骰子大，将虾肉放在猪肉上。一只虾，一块肉，敲扁，将滚水煮熟撩起。熬菜油半斤，将肉片放在眼铜勺[①]内，将滚油灌熟[②]。再用秋油半酒杯，酒一杯，鸡汤一茶杯，熬滚，浇肉片上，加蒸粉、葱、椒糁[③]上起锅。

【注释】

① 眼铜勺：铜质的漏勺。

② 灌熟：指的是用热油反复浇浸在食物上，直到变熟为止。

③ 糁（sǎn）：溅，洒。

【译文】

取瘦肉一斤，切成片状，在清酱中蘸一遍，风干两个小时。再用四十只大虾肉，二两猪油，切成骰子一般大，将虾肉放置在猪肉上。一只虾放在一块猪肉上，然后将其敲扁，放在滚水中煮熟捞出来。然后熬半斤菜油，把肉放在铜质的漏勺里，用滚油反复浇浸直到变熟。再用半酒杯秋油，一杯酒，一茶杯鸡汤，火烧开后，浇在肉片上，撒上蒸粉、葱、椒后起锅。

荔枝肉

用肉切大骨牌[①]片，放白水煮二三十滚，撩起。熬菜油半斤，将肉放入炮透[②]，撩起，用冷水一激，肉皱，撩起。放入锅内，用酒半斤，清酱一小杯，水半斤，煮烂。

【注释】

① 骨牌：一种游戏用具或赌具，用木乌木、骨头、竹子或象牙制成。

② 炮透：炮制透，这里指的是用油炸透。

【译文】

将肉切成大骨牌一样的片儿，放在白水里煮开二三十次，然后捞起。熬上半斤菜油，将肉放入锅中炸透，然后捞起，用冷水迅速冷却一下，直到皮皱起，再捞出来。最后放入锅中，用半斤酒，一小杯清酱，半斤水，将肉片煮烂。

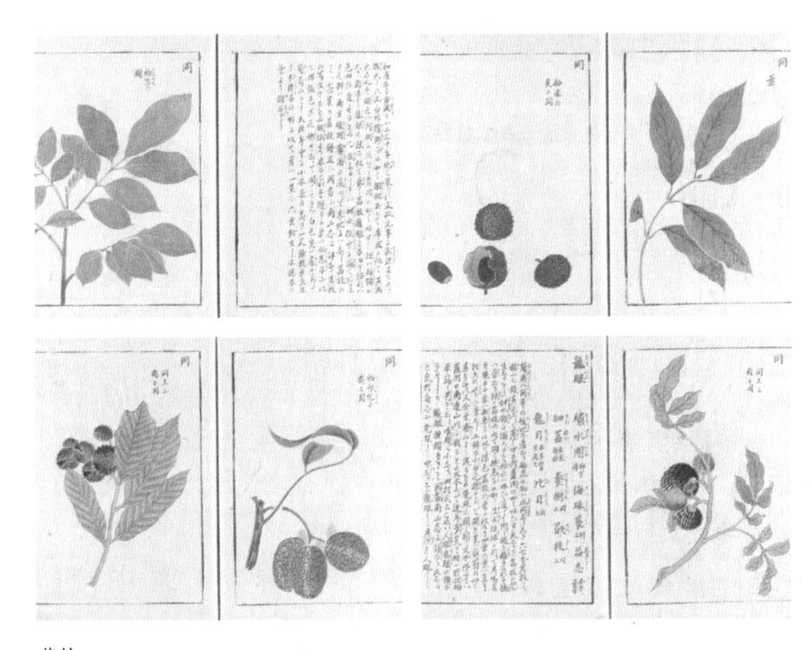

荔枝

选自《本草图谱》　［日］岩崎灌园　收藏于日本东京国立国会图书馆

苏轼被贬惠州后，尝到了甘美的荔枝，作诗《食荔枝》赞美道："罗浮山下四时春，卢橘杨梅次第新。日啖荔枝三百颗，不辞长作岭南人。"

《荔枝图》

（元）钱选　收藏于中国台北故宫博物院

宋代诗人黄庭坚被贬戎州时，曾作诗："王公权家荔支绿，廖致平家绿荔支。试倾一杯重碧色，快剥千颗轻红肌。拨醅蒲萄未足数，堆盘马乳不同时。谁能同此胜绝味，唯有老杜东楼诗。"其中提到一种酒名为"荔枝绿"。

八宝肉圆

猪肉精、肥各半，斩成细酱，用松仁①、香蕈、笋尖、荸荠②、瓜姜之类，斩成细酱，加纤粉和捏成团，放入盘中，加甜酒、秋油蒸之。入口松脆。家致华③云："肉圆宜切，不宜斩。"必别有所见④。

【注释】

① 松仁：松属植物的种子仁。

② 荸荠（bí qi）：草本植物，又称乌芋、马蹄。汁多味甜，营养丰富，既可以作水果，也可作熟食的佐料。

③ 家致华：指的是袁枚的族侄袁致华。

④ 别有所见：别有一番道理。

【译文】

将肥瘦各半的猪肉，剁成细肉酱，再把松仁、香菇、笋尖、荸荠、瓜姜之类，剁成细酱，加入芡粉一起捏成团，放入盘中，加入一些甜酒、秋油一起上锅蒸。吃起来口感松脆。我家致华说："做肉丸，适合用刀切，而不适合剁。"此话别有一番道理。

空心肉圆

将肉捶碎郁过，用冻猪油一小团作馅子，放在团[①]内蒸之。则油流去，而团子空矣。此法镇江[②]人最善。

【注释】

① 团：这里指的是肉团。

② 镇江：今江苏省镇江市。

【译文】

将肉捣碎用调料腌制一下，再用冻过的猪油团成一小团做馅，放在肉团中上锅蒸煮。这时油会流下去，团子里面就空了。这种做法是镇江人最擅长的。

尹文端公家风肉

杀猪一口，斩成八块，每块炒盐四钱，细细揉擦，使之无微不到，然后高挂有风无日处。偶有虫蚀，以香油涂之。夏日取用，先放水中泡一宵，再煮，水亦不可太多太少，以盖肉面为度。削片时，用快刀横切，不可顺肉丝而斩也。此物惟尹府至精，常以进贡。今徐州风肉不及，亦不知何故。

晋武帝司马炎像

选自《历代帝王图》卷　（唐）阎立本\原作
此为摹本　收藏于美国波士顿美术馆

晋武帝伐吴时，将军王濬计划沿水路进攻，吴军则布置铁锁拦截船只。王濬见状，将“长十丈余，大数十围”的火炬灌上麻油，遇到铁锁就点燃火炬，将铁索熔成液体。麻油就是如今的芝麻油，也叫香油。

【译文】

杀一头猪，将其剁成八块，每块肉用四钱炒盐，细细揉擦，使肉的每一个部位都被盐擦到，然后高挂在通风阴凉的地方。如果有虫子侵蚀，就在肉上涂抹香油。夏天的时候取来食用，要先放入水中浸泡一夜，然后再烹煮，水不能太多也不能太少，以盖过肉面为标准。削肉片时，一定要用快刀横切，不可以顺着肉丝纹理切片。这种食材只有尹府的烹饪技术最为精湛，常以此作为进贡的佳品。现今徐州所产的风肉远远比不上他家的，也不知道是什么原因。

家乡肉

杭州家乡肉，好丑不同，有上、中、下三等。大概淡而能鲜，精肉可横咬者为上品。放久即是好火腿。

【译文】

杭州的家乡肉，品相好坏各不相同，分为上、中、下三等。大体上吃起来清淡且鲜美的，瘦肉部分能够横着咬的为上品。放的时间长就是好火腿。

笋煨火肉①

冬笋切方块，火肉切方块，同煨。火腿撤去盐水两遍，再入冰糖煨烂。席武山别驾②云："凡火肉煮好后，若留作次日吃者，须留原汤，待次日将火肉投入汤中滚热才好。若干放离汤，则风燥而肉枯；用白水则又味淡。"

【注释】

① 火肉：即火腿肉。

冬笋

选自《本草图谱》 ［日］岩崎灌园
收藏于日本东京国立国会图书馆

唐代诗人杜甫作诗《发秦州》："密竹复冬笋，清池可方舟。"

② 别驾：古代官名，为刺史的副官。因为地位较高，出巡的时候会与刺史分开乘车，所以叫别驾。

【译文】

将冬笋切成方块，火腿肉也切成方块，一同煨火烹煮。等到火腿去掉两遍盐水后，再加入冰糖煨烂。席武山别驾说：“火腿肉烹煮好后，若是留到第二天再吃，就一定要保留原汤，待第二天将火腿肉投入汤中滚热才会好吃。若是离开汤汁干放，就会因为被风烘干而使肉干枯；如果选用白水加热就会味道过淡。”

烧小猪

小猪一个，六七斤重者，钳毛去秽，叉上炭火炙之。要四面齐到，以深黄色为度。皮上慢慢以奶酥油涂之，屡涂屡炙。食时酥为上，脆次之，硬斯下矣。旗人[①]有单用酒、秋油蒸者，亦惟吾家龙文弟[②]颇得其法。

【注释】

① 旗人：一般指的是八旗子弟，后来泛指满人。

② 吾家龙文弟：指的是袁枚的同族兄弟袁龙文。

【译文】

选一只小猪，重六七斤，夹去猪毛并清除内脏，然后架在炭火上烘烤。要四面全部烤到，直到变成深黄色为准。猪皮上要用奶酥油慢慢涂抹，一边涂抹一边烤。吃的时候以酥的为上品；脆的属中品；硬的则是下品了。旗人中有单用料酒、秋油来蒸的，这也只有我家龙文弟很擅长这种做法。

《丛薄行诗意图》轴

（清）郎世宁、方琮　收藏于故宫博物院

八旗是清代旗人的军事组织，由清太祖努尔哈赤制定，分别为：正黄旗、镶黄旗、正红旗、镶红旗、正白旗、镶白旗、正蓝旗、镶蓝旗。八旗军是清朝正规部队，按律须驻防各地，以骑射为能事，参与了乾隆年间的众多战事。打仗所需的军粮补给品中，猪肉饱含热量和脂肪，所以最受士兵们喜爱。

黄芽菜煨火腿

用好火腿，削下外皮，去油存肉。先用鸡汤将皮煨酥，再将肉煨酥。放黄芽菜心，连根切段，约二寸许长；加蜜、酒酿及水，连煨半日。上口甘鲜，肉菜俱化，而菜根及菜心丝毫不散。汤亦美极。朝天宫[1]道士法也。

【注释】

① 朝天宫：位于江苏省南京市秦淮区。明朝时，是朝廷举行大典前演练礼仪和皇室贵族焚香祈福的场所，是明朝最高等级的道观。现为南京市博物馆。

【译文】

选用上等的火腿，削去外面的皮，去掉油脂留下肉。先用鸡汤将表皮煨至酥软，再把火腿肉也煨至酥软。随后放入黄芽菜心，将其连根切成段，每段大概二寸长；加入蜂蜜、酒酿和水，连续煨上半天。吃起来甘甜鲜美，肉和菜入口即化，而菜根和菜心却丝毫不散乱。汤也极其鲜美。这是朝天宫道士的烹饪方法。

白菜

选自《中国清代外销画·植物花鸟》　佚名

黄芽菜是白菜的一种。南宋吴自牧在《梦粱录》中描述道："黄芽，冬至取巨菜，覆以草，即久而去腐叶，以黄白纤莹者，故名之。"

蜜火腿

取好火腿,连皮切大方块,用蜜酒煨极烂,最佳。但火腿好丑、高低,判若天渊[1]。虽出金华、兰溪[2]、义乌[3]三处,而有名无实者多。其不佳者,反不如腌肉矣。惟杭州忠清里[4]王三房家,四钱一斤者佳。余在尹文端公苏州公馆吃过一次,其香隔户便至,甘鲜异常。此后不能再遇此尤物矣。

【注释】

① 天渊:说的是蓝天与深渊,一个在天上一个在地下,相差极远。

② 兰溪:位于金华西北部。

③ 义乌:金华下辖县级市。

④ 杭州忠清里:现今浙江省杭州市下城区新华路。

【译文】

先选取优质的火腿,连同皮一起切成大方块,再用蜂蜜酿造的酒煨至极烂,这样吃是最好的。但火腿的品相也有好坏、高低之分,吃起来的口味有天壤之别。虽然都是出于金华、兰溪、义乌三个地方,但有名无实的火腿居多。其中质量低劣的火腿,还不如腌肉。只有杭州忠清里王三房家,卖的四钱一斤的火腿是最好的。我在尹文端公苏州公馆吃过一次,那香味隔着门就已经闻到了,味道特别甘甜鲜美。以后我再也没有遇到那么好的珍品了。

六 杂牲单

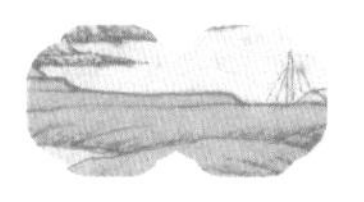

牛、羊、鹿三牲，非南人家常时有之之物，然制法不可不知。作《杂牲单》。

【译文】

就牛、羊、鹿这三种肉类来说，它们并非南方人家中经常用到的食材，但不能不知道它们的烹制方法。所以我作了《杂牲单》。

《初平牧羊图》
（南宋）佚名　收藏于故宫博物院

牛　肉

买牛肉法，先下各铺定钱[①]，凑取[②]腿筋夹肉处，不精不肥。然后带回家中，剔去皮膜，用三分酒、二分水清煨，极烂，再加秋油收汤。此太牢[③]独味孤行者也，不可加别物配搭。

【注释】

① 定钱：即定金。指的是预订货物时先付一部分的钱款。

② 凑取：从中选取。

③ 太牢：指的是古代帝王祭祀时选用牛、羊、猪三牲作为祭品。三牲齐全称为“太牢”。这里专指牛。

【译文】

购买牛肉的方法，就是要先到各个肉店预付定金，选取腿筋夹肉的部位，此处的肉不瘦不肥。然后拿回家，剔除肉上的皮膜，用三分酒、二分水清炖，煨到极烂的状态，再加入秋油来收汁。牛肉有着独特的口感，绝不可以与别的食物搭配。

卖牛肉

选自《清国京城市景风俗图》册　（清）佚名　收藏于法国国家图书馆

满人原是游牧部族，认为牛是耕田劳作的好帮手，所以清朝历代皇帝都不吃牛肉，也禁止民间屠宰食用。

▲ **牧牛图**

选自《姚大梅诗意图》册　（清）任熊　收藏于故宫博物院

姚大梅指的是晚晴诗人姚燮，人称“大梅先生”。此画册是任熊根据姚燮诗歌的意境而作。该页描绘的是牧童躺在牛背上放风筝的画面，出自姚燮“村童插髻花如碗，手捻风筝犊背瞑”。

《牧牛图》

（明）陈洪绶

《诗经·小雅》中提到“我任我辇，我车我牛”，表明牛最初是作为畜力使用的。

牛　舌

牛舌最佳。去皮、撕膜、切片，入肉中同煨。亦有冬腌风干者，隔年食之，极似好火腿。

【译文】

牛舌是很好的食材。去除其皮、撕掉筋膜、切成小片，再放入牛肉中一起烹煮。也有的人会在冬天将其腌制风干，等到来年吃的时候，味道就好像上等的火腿一样。

《牧牛图》

（宋）李唐　收藏于故宫博物院

唐代诗人顾况的诗《杜秀才画立走水牛歌》："江村小儿好夸骋，脚踏牛头上牛领。"

《牛背横笛图》

（明）郭诩　收藏于上海博物馆

宋代雷震的诗《村晚》："牧童归去横牛背，短笛无腔信口吹。"描述的是牧童骑在牛背上，吹着短笛的画面。

羊　头

羊头毛要去净；如去不净，用火烧之。洗净切开，煮烂去骨。其口内老皮，俱要去净。将眼睛切成二块，去黑皮，眼珠不用，切成碎丁。取老肥母鸡汤煮之，加香蕈、笋丁，甜酒四两，秋油一杯。如吃辣，用小胡椒十二颗、葱花十二段；如吃酸，用好米醋一杯。

【译文】

羊头的毛一定要去除干净；如果去除不干净，可以用火把它烧净。洗净切开后，煮烂并剔除骨头。其嘴里的老皮，也一定要撕除干净。随后将眼睛切成两块，剥去黑皮，抛却眼珠，将剩下的切成碎丁。选取肉质肥厚的老母鸡汤来炖煮，加入香菇、笋丁，四两甜酒，一杯秋油。如果喜欢吃辣，还可以再放十二颗小胡椒、十二段葱花；如果偏爱酸口，那就往里面放一杯上好的米醋。

卖羊头

选自《清国京城市景风俗图》册　（清）佚名　收藏于法国国家图书馆

羊头肉质鲜嫩，可防寒温补。《后汉书·刘玄传》记载："更始纳赵萌女为夫人，有宠，遂委政于萌，日夜与妇人饮宴后庭。"指的是刘玄继位后荒淫乱政，还授予商人、厨师等人官职，长安的百姓嘲笑他们为羊胃、羊头。所以后来多用"羊胃""羊头""烂羊尉"来特指污滥的官吏和官职。

《春郊牧羊图》

（南宋）李迪　收藏于美国纽约大都会艺术博物馆

画面描绘的是羊群在春郊野外吃草的场景。在宋代，民间和朝廷都喜好羊肉，需求量很大，北宋官营牧羊业主要集中在北方，以京师开封、陕甘、河北等地为主要牧养区。据史料记载，在宋仁宗时期，朝廷仅陕西一地放牧的羊就达 1.6 万只。

《四羊图》

（南宋）陈居中　收藏于故宫博物院

图中的右下角是一只白羊在用角抵另一只白羊，身后的灰羊在观看搏斗，左上角是一只站在山坡上的老羊。因为古代“羊”与“祥”“阳”相通，有吉祥的寓意。一羊在上，三羊在下的构图，又暗含“三阳开泰”的美好象征。

羊肚羹

将羊肚洗净，煮烂切丝，用本汤煨之。加胡椒、醋俱可。北人炒法，南人不能如其脆。钱玙沙[①]方伯[②]家，锅烧羊肉极佳，将求其法。

【注释】

① 钱玙沙：即钱琦，号玙沙。乾隆年间进士，著有《澄碧斋诗钞》等。

② 方伯：殷周时代的一方诸侯之长。后泛指地方长官。

【译文】

将羊肚清洗干净，烹煮软烂后切成丝，用原有的汤汁继续炖煮。这时候加入胡椒、醋都是可以的。这是北方人烹制羊肚时选用的炒法，南方人就不如北方人做得爽脆。钱玙沙方伯家中，烹制的锅烧羊肉味道极好，我要向他请教此种烹饪做法。

卖羊肚儿

选自《清国京城市景风俗图》册　（清）佚名　收藏于法国国家图书馆

清人平步青《霞外捃屑》记载："京师酒肆，最脍炙者汤包肚"，其中的"汤包肚"就是将羊肚煮熟后，加以佐料食用的吃法。

红煨羊肉

与红煨猪肉同。加刺眼核桃，放入去膻[1]。亦古法也。

【注释】

① 膻（shān）：指的是羊肉中的特殊气味。

【译文】

做法与红煨猪肉一样。可以把打过孔的核桃放入锅中除去羊肉的膻味。这也是古人传下来的老方法。

《雪夜访普图》轴

（明）刘俊　收藏于故宫博物院

画面描绘的是宋太祖赵匡胤雪夜拜访宰相赵普，与他商讨国家大事的场景。《宋史·赵普传》记载，不久之后，晋王赵光义（即后来的宋太宗）也来拜访，三人围炉而坐，炽炭烧肉，吃的就是羊肉。

炒羊肉丝

与炒猪肉丝同。可以用纤，愈细愈佳。葱丝拌之。

【译文】

炒羊肉丝与炒猪肉丝的方法相同。可以用芡粉，肉丝切得越细越好。也可以和葱丝拌在一起。

烧羊肉

羊肉切大块，重五七斤者，铁叉火上烧之。味果甘脆，宜惹宋仁宗夜半之思也[①]。

【注释】

① 宋仁宗夜半之思：宋仁宗，即赵祯，是宋朝的第四位皇帝。据《宋史·仁宗本纪》载："宫中夜饥，思膳烧羊。"说的是宋仁宗半夜饿得睡不着觉，特别想吃烧羊肉的故事。

【译文】

将羊肉切成大块，每块重五斤至七斤，用铁叉将其叉在火上烧烤。烹制出来的肉质甘美酥脆，其口感惹得当年的宋仁宗夜不能寐。

▲ 夜止烧羊

选自《帝鉴图说》法文外销画绘本
（明）佚名　收藏于法国国家图书馆

宋仁宗曾半夜饿得睡不着，本想让御膳房烧羊肉吃，又怕御膳房视为定例，天天准备烤羊肉，以致浪费食物，于是作罢。宋代李焘的《续资治通鉴长编》中，记载过一件御厨自盗羊肉的贪污案，据计算，御膳房每年贪污的羊多达8万只。

► 《苏武牧羊》

（近代）任伯年　收藏于中国美术馆

苏武是汉武帝时期的郎官，奉武帝之命持节出使匈奴，护送被扣留在汉的匈奴使者回国。苏武到了匈奴，恰逢匈奴缑王与虞常等人谋反，准备绑架单于的母亲和阏氏，借此投靠汉朝。事情败露后，单于扣押了汉使和苏武，逼迫他们投降。苏武不从，被单于遣到北海放羊，说等公羊生了小羊才可以归汉。苏武留居匈奴十九年，历尽艰辛才回到长安。

光緒癸未八月

鹿筋二法

鹿筋难烂。须三日前，先捶煮之，绞出臊水数遍，加肉汁汤煨之，再用鸡汁汤煨；加秋油、酒，微纤收汤；不搀他物，便成白色，用盘盛之。如兼用火腿、冬笋、香蕈同煨，便成红色，不收汤，以碗盛之。白色者，加花椒细末。

《获鹿图》卷

（五代）李赞华　收藏于美国纽约大都会艺术博物馆

图中一名猎人在骑马射鹿，画面左边的鹿正仰头嘶吼，用尽全力奔跑。《史记·淮阴侯列传》记载：“秦失其鹿，天下共逐之。”历代帝王都喜欢狩猎鹿，来展现自己夺取天下、逐鹿中原的雄心壮志。

【译文】

鹿筋很难煮烂。需要提前三天，将鹿筋捶打后再烹煮，沥出腥臊的汤水，反复数次后，加入肉汤中煨煮，再用鸡汤煨煮；放入秋油、酒，稍微加入一些芡粉收汁；不要再掺杂其他配料，等到煮成白色，就可以装入盘中。如果再用火腿、冬笋、香菇等一起煨煮，食材的色泽会变红，这时就不需要再用芡粉收汁，直接用碗盛出来就行了。若是白色做法，还可以加上一些花椒细末。

鹿　尾

尹文端公品味，以鹿尾为第一。然南方人不能常得。从北京来者，又苦不鲜新。余尝得极大者，用菜叶包而蒸之，味果不同。其最佳处，在尾上一道浆[①]耳。

【注释】

① 一道浆：指的是鹿尾上方皮下脂肪最丰厚的地方。

【译文】

尹文端公品尝美味，把鹿尾排在第一位。但这种食材南方人很不容易得到。若是从北京带来，可惜味道又不够新鲜。我曾经得到一条很大的鹿尾，把它用菜叶包裹好上锅蒸，味道果然不凡。其口感最好的地方，就是尾巴上面脂肪最丰厚的地方。

▲ 鹿

选自《诗经名物图解》册　［日］细井徇　收藏于日本东京国立国会图书馆

上古时期，人们就开始捕鹿作为食物。到了周代，鹿肉的做法多种多样，例如：鹿肉酱、鹿肉脯、烤鹿肉、鹿肉片等。鹿肉也成了当时的八珍之一。

► 《乾隆皇帝围猎聚餐图》轴

（清）郎世宁　收藏于故宫博物院

画面描绘的是乾隆帝狩猎结束后，在猎场准备享用食物的场景。图中的侍卫在剥鹿皮、剁鹿肉、熬汤、烤鹿肉，各司其职。

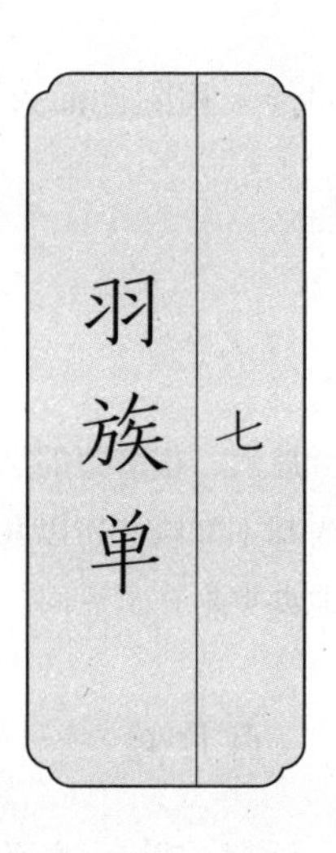

七 羽族单

鸡功最巨，诸菜赖之。如善人积阴德而人不知。故令领羽族之首，而以他禽附之。作《羽族单》。

【译文】

鸡的功劳最大，很多菜的烹制都依赖于它。正如善人积累阴德而别人却不知晓。所以我将鸡放在羽族食材中的第一位，而将其他禽类附在了后面。作了《羽族单》。

白片鸡

肥鸡白片，自是太羹[1]、玄酒[2]之味。尤宜于下乡村、入旅店，烹饪不及之时，最为省便。煮时水不可多。

【注释】

① 太羹：指的是不夹杂五味的肉汤。主要在祭祀宗庙、社稷时用。

② 玄酒：古时祭礼用于代替酒的清水。因为水无色无味，古人觉得它五行属黑，于是将其取名为玄酒。后被引申为薄酒。

孔颖达像

选自《十八学士于志宁书赞》卷（唐）阎立本　收藏于中国台北故宫博物院

孔颖达，字冲远，唐初经学家。孔颖达曾言：“此酒甚清澈，可斟酌。”指的是古人祭祀所用的清酒。出自《礼记·曲礼下》：“凡祭宗庙之礼……酒曰清酌。”

【译文】

肥鸡肉片白，就好像祭祀时用的太羹和玄酒一样出自本味。尤其适合那些身处乡村、刚进旅店，来不及做饭的时候，白片鸡的烹煮方法最为方便快捷。但烹煮的时候用水不能太多。

鸡　松

肥鸡一只，用两腿，去筋骨剁碎，不可伤皮。用鸡蛋清、粉纤、松子肉，同剁成块，如腿不敷用，添脯子肉，切成方块。用香油灼黄，起放钵头内，加百花酒①半斤、秋油一大杯、鸡油一铁勺，加冬笋、香蕈、姜、葱等。将所余鸡骨皮盖面，加水一大碗，下蒸笼蒸透，临吃去之。

【注释】

① 百花酒：江苏镇江的传统名酒，由糯米、细麦曲和百种野花精酿而成，气味芬芳，有活血养气之效。

【译文】

准备一只肥鸡，选用两只鸡腿，去骨后剁碎，不要碰破鸡皮。用鸡蛋清、芡粉、松子肉，一起搅拌后切成块状。如果鸡腿肉不够用的话，可再添加一些鸡胸脯肉，切成方块状。用香油

《百花图》卷

（南宋）杨婕妤　收藏于吉林省博物馆

整个画面展现了百花争艳、万物欣荣的景象，描绘了寿春花、长春花、荷花、西施莲、兰花、望仙花、蜀葵、黄蜀葵、胡蜀葵等的姿态。多种花酿的酒就被称为“百花酒”。

今上 御製
中殿生辰詩 四月八日
壽春花
上苑風和日暖時 奇葩色染碧玻璃
玉容不老春長在 歲歲花前醉壽卮
一樣風流三樣粧 偏於永日逞芬芳
仙姿不與羣花並 只向坤寧薦壽觴
長春花
顏色四時長不老 蓬萊風景屬仙家
精神天賦逞嬌妍 染得輕紅近日邊
美此奇葩長艷麗 仙家風景不論年
自是國香堪服媚 便同瑞草應宜男
望仙花 乙巳
珍叢移種自蓬萊 細瑣繁英滿意開
注目霓旌翻晝永 尚疑星鶴領春來
蜀葵 丙午
花神呈秀羣芳右 朱煒儲祥慶葉新
隨佛下生來上苑 如丹九轉鎮千春
黃蜀葵 己酉
壬子
虬龍展翠舞宮槐 青翼凌雲羽翰開
侍輦九嬪趍玉殿 坤儀隨佛下生來
癸丑
祥開楸閣耀珠躔 初度南薰入舜弦
環珮鏘鏘端內則 與天齊壽萬斯年
丙辰

将鸡肉炸黄，然后起锅放在碗里，加入半斤百花酒、一大杯秋油、一铁勺鸡油，再加入冬笋、香菇、姜、葱等。将剩下的鸡骨鸡皮盖在上面，再加上一大碗清水，放在蒸笼将其蒸透，吃的时候可以直接将鸡骨和鸡皮一并去掉。

生炮鸡

小雏鸡[①]斩小方块，秋油、酒拌，临吃时拿起，放滚油内灼之，起锅又灼，连灼三回，盛起，用醋、酒、粉纤、葱花喷之。

【注释】

① 雏鸡：指的是刚孵出来的小鸡，一般出生50天以内的都被称为雏鸡。

【译文】

将小鸡剁成小方块，加入秋油、酒搅拌，临到吃的时候拿出来，放入滚热的油锅中炸一下，起锅后再炸，连续炸上三回，再把肉盛出来，用醋、酒、芡粉、葱花浇在肉的上面。

鸡　粥

肥母鸡一只，用刀将两脯肉去皮细刮，或用刨刀亦可。只可刮刨，不可斩，斩之便不腻矣。再用余鸡熬汤下之。吃时加细米粉、火腿屑、松子肉，共敲碎放汤内。起锅时放葱、姜，浇鸡油，或去渣，或存渣，俱可。宜于老人。大概斩碎者去渣，刮刨者不去渣。

【译文】

选一只肥母鸡，用刀将两边的胸脯肉去皮细刮，也可以

刘邦像
选自《历代帝王圣贤名臣大儒遗像》册
（清）佚名　收藏于法国国家图书馆

相传刘邦发迹前，家里十分困顿，常去大哥家蹭饭吃。有一次，刘邦的嫂子杀了家里唯一的老母鸡来招待他。刘邦称帝后大封刘姓子弟，却始终没有封赏大哥的儿子刘信。于是刘邦的嫂子去求刘邦的父亲，刘邦才不情愿地册封刘信为羹颉侯。

用刨刀。而且只能刮和刨，绝不可以用刀剁，剁出来的口感就不细腻了。再用剩下的鸡料熬制成鸡汤。吃的时候加入细米粉、火腿屑、松子肉，一起拍碎放入汤中。起锅的时候再放上葱、姜，浇上鸡油，或是去渣，或是留渣，都是可以的。这道鸡粥很适合老人食用。如果把鸡肉剁碎就要去除残渣，若是刮和刨就不用再去渣了。

焦　鸡

肥母鸡洗净，整下锅煮。用猪油四两、茴香四个，煮成八分熟，再拿香油灼黄，还下原汤熬浓，用秋油、酒、整葱收起。临上片碎，并将原卤浇之，或拌蘸亦可。此杨中丞家法也。方辅兄家亦好。

【译文】

将肥母鸡洗干净，整只鸡下锅炖煮。放入四两猪油、四个茴香，煮到八分熟的时候，再用香油将其炸成金黄色，下入原汤熬制出浓稠感，再放入秋油、酒、整根葱收汤起锅。临到上桌的时候切成碎片，并把原汤浇在上面，或者蘸着调料吃。这是杨中丞家的烹饪方法。方辅兄家做的也很好。

丹雄鸡

选自《金石昆虫草木状》明彩绘本（明）文俶　收藏于中国台北“中央图书馆”

《孟子·公孙丑上》中记载：“鸡鸣狗吠相闻，而达乎四境，而齐有其民矣。”说的是齐国的人口众多，几乎家家户户都养鸡。除了鸡本身可以用作烹饪外，鸡所生产的鸡蛋还可以食用和买卖。

白雄鸡

选自《金石昆虫草木状》明彩绘本（明）文俶　收藏于中国台北“中央图书馆”

《调鼎集》中也记载了一道炒鸡片的食谱：将鸡胸肉切成薄片，用三两猪肉炒三四下，放入一大匙麻油、盐姜汁、花椒末等调拌，最后再炒两三下即可出锅。

捶　鸡

将整鸡捶碎，秋油、酒煮之。南京高南昌太守家，制之最精。

【译文】

将一整只鸡捶碎，用秋油、酒一起烹煮。南京高南昌太守家，制作这道菜的技艺最为精湛。

炒鸡片

用鸡脯肉去皮，斩成薄片。用豆粉、麻油、秋油拌之，纤粉调之，鸡蛋清拌。临下锅加酱瓜姜、葱花末。须用极旺之火炒。一盘不过四两，火气才透。

【译文】

把鸡脯肉去皮，切成薄片。用豆粉、麻油、秋油搅拌均匀，再用芡粉进行调和，与鸡蛋清拌在一起。临下锅时加入酱瓜姜、葱花末。用最旺的火进行爆炒。一盘菜所用的肉最好不超过四两，这样才有足够的火力将肉炒透。

蒸小鸡

用小嫩鸡雏，整放盘中，上加秋油、甜酒、香蕈、笋尖，饭锅上蒸之。

【译文】

用又小又嫩的小雏鸡，整只放入盘中，加入秋油、甜酒、香菇、笋尖，在饭锅上蒸。

《仙人渡海图》

（宋）赵芾　收藏于美国纽约大都会艺术博物馆

汉代的刘安喜欢研究仙丹灵药。相传他曾在仙人手里得到一张仙方，据此炼出十颗仙丹。刘安吃下五颗飞到了天上，剩下的五颗被院里的鸡犬抢着吃，最后也升天成仙了。后来这段传说演变成了成语“一人得道，鸡犬升天”。

酱 鸡

生鸡一只，用清酱浸一昼夜，而风干之。此三冬[①]菜也。

【注释】

① 三冬：这里指冬季的三个月，即孟冬（农历十月）、仲冬（农历十一月）、季冬（农历十二月）。

【译文】

选用生鸡一只，用清酱浸泡一天一夜，然后捞出来风干。这是一道适合冬季食用的时令菜。

鸡 丁

取鸡脯子，切骰子小块，入滚油炮炒之，用秋油、酒收起，加荸荠丁、笋丁、香蕈丁拌之。汤以黑色为佳。

【译文】

选取鸡脯肉，切成骰子大小的小块，放入热油中进行爆炒，加入秋油、酒收汁起锅，再加入荸荠丁、笋丁、香菇丁搅拌均匀。汤以呈现黑色为最好。

黄雌鸡

选自《金石昆虫草木状》明彩绘本 （明）文俶 收藏于中国台北“中央图书馆”

官保鸡丁是一道著名的传统名菜，起源于鲁菜酱爆鸡丁和贵州菜胡辣子鸡丁。后来，清朝四川总督丁宝桢在两道名菜的基础上，发扬并改良了一道新菜式，取名为官保鸡丁。

鸡　圆

斩鸡脯子肉为圆，如酒杯大，鲜嫩如虾团。扬州臧八太爷家，制之最精。法用猪油、萝卜、纤粉揉成，不可放馅。

【译文】

把鸡脯肉剁碎制成肉丸子，每个丸子如酒杯般大小，口感鲜嫩犹如虾肉丸子。扬州臧八太爷家，制作这道菜的技艺尤为精湛。方法是用猪油、萝卜、芡粉一起揉合而成，但不可以在里面放任何馅料。

蘑菇煨鸡

口蘑菇[1]四两，开水泡去砂，用冷水漂，牙刷擦，再用清水漂四次；用菜油二两炮透，加酒喷。将鸡斩块放锅内，滚去沫，下甜酒、清酱，煨八分功程[2]，下蘑菇，再煨二分功程，加笋、葱、椒起锅，不用水，加冰糖三钱。

【注释】

① 口蘑菇：一种野生蘑菇，通常叫口蘑。以河北张家口出产的最为著名。

② 功程：程度。

蘑菇

选自《金石昆虫草木状》明彩绘本（明）文俶　收藏于中国台北“中央图书馆”

南宋诗人杨万里曾作《蕈子》：“蜡面黄紫光欲湿，酥茎娇脆手轻拾。响如鹅掌味如蜜，滑似蓴丝无点涩。”指的就是蘑菇。蘑菇中可食用的种类很多，比如：平菇、杏鲍菇、猴头菇、金针菇、香菇、白蘑菇等。

【译文】

选四两口蘑，放入开水浸泡去掉泥沙，用冷水漂洗，牙刷擦洗，再用清水漂洗四次；用二两菜油爆炒，加酒喷香。将鸡肉斩成块状放入锅内，滚水烧开去沫，下入甜酒、清酱，用火煨到八分熟的时候，下蘑菇，再煨二分的工夫，加入笋、葱、椒后起锅，不用加水，加入三钱冰糖就可以了。

梨炒鸡

取雏鸡胸肉切片，先用猪油三两熬熟，炒三四次，加麻油一瓢，纤粉、盐花、姜汁、花椒末各一茶匙，再加雪梨薄片、香蕈小块，炒三四次起锅，盛五寸盘。

【译文】

选取小雏鸡的胸脯肉切成片，先用三两猪油烧热，再连续炒三四次，加入一瓢麻油，芡粉、盐花、姜汁、花椒末各一小茶勺，最后再加入雪梨薄片、香菇小块，炒上三四次后起锅，盛放在五寸大小的盘子里。

梨子

选自《果品》册　（近代）丁辅之

梨除了可以炒鸡外，还可以煲汤。因为梨味道甘甜，还有清热止咳的功效，再加上鲜美的鸡汤，可以称得上是一道既美味又富含营养的滋补汤。

假[1]野鸡卷

将脯子斩碎，用鸡子一个，调清酱郁之，将网油划碎，分包小包，油里炮透，再加清酱、酒作料，香蕈、木耳起锅，加糖一撮。

【注释】

① 假：这里指不是正规的做法。

【译文】

将鸡脯肉剁碎，放入一枚鸡蛋，调入清酱腌制，然后再将网油划成小碎块，分别把鸡肉包成一个个小包，然后一齐放入滚油中炸透，再加上清酱、酒作为佐料，与香菇、木耳一起同起锅，最后加上一撮糖。

雉

选自《诗经名物图解》册 ［日］细井徇 收藏于日本东京国立国会图书馆

雉就是野鸡。和家鸡相比，野鸡的味道更加美味。因为野鸡常年在野外生活和觅食，所以肉质更加紧实和细嫩。

黄芽菜炒鸡

将鸡切块，起油锅生炒透，酒滚二三十次，加秋油后滚二三十次，下水滚。将菜切块，俟鸡有七分熟，将菜下锅。再滚三分，加糖、葱、大料[①]。其菜要另滚熟搀用。每一只用油四两。

【注释】

① 大料：即八角，一种调味香料，因其有八个角而得名。

【译文】

将鸡肉切成块状，放入油锅炒透，用酒翻炒二三十次后，加入秋油再炒二三十次，然后加水将锅中的汤汁煮沸。把菜切成块状，等到鸡肉七分熟的时候，将菜下锅。再滚炒三分的工夫，加入糖、葱、大料。黄芽菜要另外炒熟才能掺用。每只鸡所需用的油为四两。

黄芪[①]蒸鸡治瘵[②]

取童鸡未曾生蛋者杀之，不见水，取出肚脏，塞黄芪一两，架箸放锅内蒸之，四面封口，熟时取出。卤浓而鲜，可疗弱症。

【注释】

① 黄芪（qí）：多年生草本植物，可作药用，有补气健脾功效。

② 瘵（zhài）：病。多指肺结核。

苏轼像

选自《晚笑堂竹庄画传》清刊本（清）上官周

黄芪有补气的功效，苏轼常喝黄芪粥养病，还写下名诗《咏黄芪》："孤灯照影日漫漫，拈得花枝不忍看。白发敲簪羞彩胜，黄芪煮粥荐春盘。"

【译文】

杀一只没有下过蛋的童子鸡，不要让它沾水，把内脏取出来，然后塞进一两黄芪，用筷子把鸡肉架起来放在锅里蒸，将锅盖的四周密封好，蒸熟后取出来。这道菜的汤汁浓稠且味道鲜美，可以用它来治疗体弱的病症。

卤　鸡

囫囵[①]鸡一只，肚内塞葱三十条、茴香二钱，用酒一斤、秋油一小杯半，先滚一枝香，加水一斤、脂油二两，一齐同煨。待鸡熟，取出脂油。水要用熟水，收浓卤一饭碗才取起。或拆碎，或薄刀片之，仍以原卤拌食。

【注释】

① 囫囵：整个。

【译文】

选一整只鸡，在肚子里塞入三十棵葱、两钱茴香，用一斤酒、一小杯半的秋油，放入锅中烹煮一枝香的工夫，然后加入一斤水，二两脂油，一齐放入锅中煨煮。等鸡肉熟了，将脂油取出。水一定要用开水，将浓稠的汤收汁成一碗后再起锅。吃的时候或用手撕开，抑或用薄刀切成小片，仍然用原汤拌着吃。

蒋 鸡

童子鸡一只，用盐四钱、酱油一匙、老酒半茶杯、姜三大片，放砂锅内，隔水蒸烂，去骨，不用水。蒋御史[1]家法也。

【注释】

① 御史：古代官名。先秦时期，是负责记录的史官。秦朝时，负责监察朝廷官吏，后一直沿用。

【译文】

选用童子鸡一只，再用四钱盐、一匙酱油、半茶杯陈年老酒、三大片姜，将它们一起放入砂锅，隔着水把鸡肉蒸烂，然后去掉骨头，不加水。这是蒋御史家的制作方法。

清朝二品文官锦鸡补服

选自《清朝文武官员品级图》册（清）周培春　收藏于美国纽约大都会艺术博物馆

清朝的官服上有反映官员品级的花纹，称为补服。文官的图案是禽鸟，武官的图案是猛兽，纹样各不相同。其中二品文官的图案是“锦鸡”。

唐　鸡

鸡一只，或二斤，或三斤。如用二斤者，用酒一饭碗、水三饭碗；用三斤者，酌添。先将鸡切块，用菜油二两，候滚熟，爆鸡要透；先用酒滚一二十滚，再下水约二三百滚；用秋油一酒杯；起锅时加白糖一钱。唐静涵家法也。

【译文】

选一只鸡，或二斤重，或三斤重。如果是两斤重的，用一饭碗酒、三饭碗水；若是用三斤重的，则应适当增加一点酒和水。先将鸡肉切成块状，用二两菜油烧热，等油温被烧得滚热时，将鸡肉爆炒炸透；先用酒滚煮一二十次，再加入水煮开二三百次；加入一酒杯秋油；起锅的时候，再加上一钱白糖。这是唐静涵家的烹饪做法。

鸡　蛋

鸡蛋去壳放碗中，将竹箸打一千回蒸之，绝嫩。凡蛋一煮而老，一千煮而反嫩。加茶叶煮者，以两炷香为度。蛋一百，用盐一两；五十，用盐五钱。加酱煨亦可。其他则或煎或炒俱可。斩碎黄雀蒸之，亦佳。

卖鸡蛋

选自《清国京城市景风俗图》册　（清）佚名　收藏于法国国家图书馆

据《玉烛宝典》记载，西晋有个富豪叫石崇，他在家里吃的鸡蛋都要雕上图案，并进行染色。

【译文】

将鸡蛋去壳打入碗中，用竹筷搅拌一千次后放到锅上蒸，口感极其鲜嫩。蛋类只要一煮就会变老，但煮一千次反而会越来越嫩。若是加上茶叶煮，需要两炷香的工夫。煮一百个鸡蛋，要用一两盐；煮五十个鸡蛋，用五钱盐。加入酱油煨煮也是可以的。至于其他的吃法，或煎或炒也都可以。与剁碎了的黄雀一起蒸，口感也极佳。

野鸡五法

野鸡披胸肉，清酱郁过，以网油包放铁奁[①]上烧之。作方片可，作卷子亦可。此一法也。切片加作料炒，一法也。取胸肉作丁，一法也。当家鸡整煨，一法也。先用油灼拆丝，加酒、秋油、醋，同芹菜冷拌，一法也。生片其肉，入火锅中，登时便吃，亦一法也。其弊在肉嫩则味不入，味入则肉又老。

【注释】

① 奁（lián）：泛指盛放器物的匣子。

【译文】

将野鸡的胸脯肉片下来，用清酱腌制一下，然后用网油包好放在铁奁上烧烤。可以将它包成方片，也可以做成卷状。这是其中的一种做法。把胸脯肉切成片，加入作料进行爆炒，也是一种烹饪的方法。将胸脯肉切成肉丁来炒，这又是一种烹饪的方法。当作家鸡整只煨煮，这也是一种做法。先用油灼烧一下再切成丝，加入酒、秋油、醋，与芹菜一起凉拌着吃，这也是一种吃法。选用胸脯肉，将其切成片，下入火锅，即刻食用，这也是一种吃法。这种做法的弊端在于肉太嫩则很不容易入味，但入味了吃起来又太老。

赤炖肉鸡

赤炖肉鸡，洗切净，每一斤用好酒十二两、盐二钱五分、冰糖四钱，研酌加桂皮，同入砂锅中，文炭火煨之。倘酒将干，鸡肉尚未烂，每斤酌加清开水一茶杯。

【译文】

红炖肉鸡，要先将鸡肉切好清洗干净，每一斤鸡肉用十二两好酒、二钱五分的盐、四钱冰糖，适量加一些桂皮，一同放入砂锅，用文炭火煨炖。如果酒快烧干了，鸡肉还没烂，那就每斤鸡肉酌情加一茶杯清水即可。

《竹鸡图》

（近代）徐悲鸿

五代十国时期的南楚，是历史上唯一以湖南为中心建立的政权，以潭州（今长沙）为都。史称马楚。南楚第二位国君马希声特别爱吃鸡、喝鸡汤，相传他每天要喝50只鸡熬的汤，甚至在他父亲出殡的时候，都得先喝碗鸡汤再去。

野　鸭

野鸭切厚片，秋油郁过，用两片雪梨，夹住炮炒之。苏州包道台[①]家，制法最精，今失传矣。用蒸家鸭法蒸之，亦可。

【注释】

① 道台：清代官名，一般指道员，是介于省和府之间的地方长官。

【译文】

将野鸭子肉切成厚片，用秋油腌制一下，再用两片雪梨，夹着鸭片爆炒。苏州包道台家，烹制这道菜，现在已经失传了。不过用蒸家养鸭子的方法蒸食，也是可以的。

烧梨联句

选自《帝鉴图说》法文外销画绘本　（明）佚名　收藏于法国国家图书馆

画面描绘的是唐肃宗重用谋士李泌，不仅赏赐他两个烧梨，还联合三个儿子为他分别作了一联诗。合起来为："先生年几许，颜色似童儿。夜抱九仙骨，朝披一品衣。不食千钟粟，唯餐两颗梨。天生此间气，助我化无为。"

蒸　鸭

生肥鸭去骨，内用糯米一酒杯，火腿丁、大头菜丁、香蕈、笋丁、秋油、酒、小磨麻油、葱花，俱灌鸭肚内，外用鸡汤放盘中，隔水蒸透。此真定魏太守家法也。

【译文】

将生肥鸭宰杀后去骨，再用一酒杯糯米，火腿丁、大头菜丁、香菇、笋丁、秋油、酒、小磨麻油、葱花，一同塞进鸭肚，外面浇上鸡汤放在盘中，隔着水将其蒸透。这是真定魏太守家的做法。

清代粉彩雕瓷鸭
收藏于故宫博物院

清乾隆时期御窑厂烧制的仿生瓷。

卖野鸭、野兔子
选自《清国京城市景风俗图》册　（清）佚名　收藏于法国国家图书馆

明代李时珍所写的《本草纲目》提道：“凫，性味甘、凉，身体虚弱者不宜食。”其中“凫”指的就是野鸭。

煨麻雀

取麻雀五十只，以清酱、甜酒煨之，熟后去爪脚，单取雀胸、头肉，连汤放盘中，甘鲜异常。其他鸟鹊俱可类推。但鲜者一时难得。薛生白[①]常劝人："勿食人间豢养[②]之物。"以野禽味鲜，且易消化。

【注释】

① 薛生白：即薛雪，字生白，号一瓢。清代著名医学家。著有传世之作《湿热条辨》。

② 豢（huàn）养：饲养，驯养。

【译文】

选取五十只麻雀，放入清酱、甜酒进行煨炖，烹熟以后去掉脚和爪，只留下麻雀的胸脯肉、头肉，连同汤一起放入盘中，味道极其鲜美。其他鸟类飞禽都可参照这样的方法。但鲜活的鸟雀一般很难得到。薛生白常常劝慰人们："不要总吃世间驯养的动物。"他认为野禽味道鲜美，而且还很容易消化。

煨鹩鹑[①]、黄雀[②]

鹩鹑用六合[③]来者，最佳。有现成制好者。黄雀用苏州糟，加蜜酒煨烂，下作料，与煨麻雀同。苏州沈观察煨黄雀，并骨如泥，不知作何制法。炒鱼片亦精。其厨馔之精，合吴门[④]推为第一。

【注释】

① 鹩鹑（liáo chún）：即鹌鹑，体形像雏鸡，头小尾秃，呈灰褐色。其肉质细嫩肥美。

② 黄雀：雀科金翅雀属。鸣叫声清脆，为观赏鸟。如今列入《世界自然保护联盟濒危物种红色名录》，不可捕食。

③ 六合：现今江苏省南京市北部地区。

④ 吴门：现今江苏省苏州市一带。

【译文】

鹩鹑选用六合产的，味道最好。也有现成制作好的。烹制黄雀要用苏州糟，加入蜜酒煨烂，下入作料，与煨麻雀的方法相同。苏州沈观察家做的煨黄雀，骨质酥烂如泥，不知道是怎么烹制的。他们家的炒鱼片也很好吃。可见其厨师的技艺是多么精湛，在整个苏州一带堪称第一。

卖鹌鹑

选自《清国京城市景风俗图》册 （清）佚名 收藏于法国国家图书馆

鹌鹑原本是上大夫才能享用的食物，到了北宋时期，汴京城开始流行吃鹌鹑，一只鹌鹑只要两文钱。

云林鹅

《倪云林集》[1]中，载制鹅法。整鹅一只，洗净后，用盐三钱擦其腹内，塞葱一帚[2]填实其中，外将蜜拌酒通身满涂之。锅中一大碗酒、一大碗水蒸之，用竹箸架之，不使鹅身近水。灶内用山茅二束[3]，缓缓烧尽为度。俟锅盖冷后，揭开锅盖，将鹅翻身，仍将锅盖封好蒸之，再用茅柴一束，烧尽为度。柴俟其自尽，不可挑拨。锅盖用绵纸[4]糊封，逼燥裂缝，以水润之。起锅时，不但鹅烂如泥，汤亦鲜美。以此法制鸭，味美亦同。每茅柴一束，重一斤八两。擦盐时，串入葱、椒末子，以酒和匀。《云林集》中，载食品甚多。只此一法，试之颇效，余俱附会。

【注释】

① 《倪云林集》：倪云林的饮食著作。倪云林，即倪瓒，字泰宇，别字元镇，号云林子。元末明初画家、诗人。

② 一帚：指的是一小把。

③ 束：捆。

④ 绵纸：一种用树木的韧皮纤维制作而成的纸张，其色白柔韧，纤维细长如绵。

【译文】

倪瓒在其著作《倪云林集》中，记载了鹅的烹制方法。用一整只鹅，将其洗净后，用三钱盐把腹中擦拭干净，塞进一小把葱填实，外面用蜜汁拌上酒通身涂抹一遍。锅中放入一大碗酒、一大碗水蒸煮，用竹筷子将鹅架在锅中，不让鹅身接触到水。灶内用两捆山茅，缓缓将火烧尽为止。等锅冷却后，揭开锅盖，将鹅翻一个身，然后盖好锅盖继续蒸，再用一捆茅柴，直到把柴火全部烧光为止。而且柴要等它自然烧尽，绝不可以挑拨柴草。锅盖要用绵纸封糊起来，如果有因干燥而产生裂缝的地方，就要用水润湿它。这样起锅的时候，不但鹅的肉质软烂如泥，汤汁也是极其鲜美的。用这种方法烹饪鸭子，味道也同样鲜美。每一捆茅柴，重一斤八两。擦拭盐的时候，要掺入葱、花椒粉末，用酒调制均匀。《倪云林集》中，记载的食品有很多。只有这种烧鹅的烹制方法，亲身尝试后觉得颇有效果，至于其他的不过是牵强附会罢了。

羲之笼鹅

选自《人物图》册　（明）郭诩　收藏于上海博物馆

王羲之是东晋著名书法家，他非常喜欢鹅。玉皇观有位老道士很想要王羲之手书的《黄庭经》，所以精心养了一批鹅，故意在王羲之郊游处放养。老道士如愿以偿，王羲之也笼鹅而归。

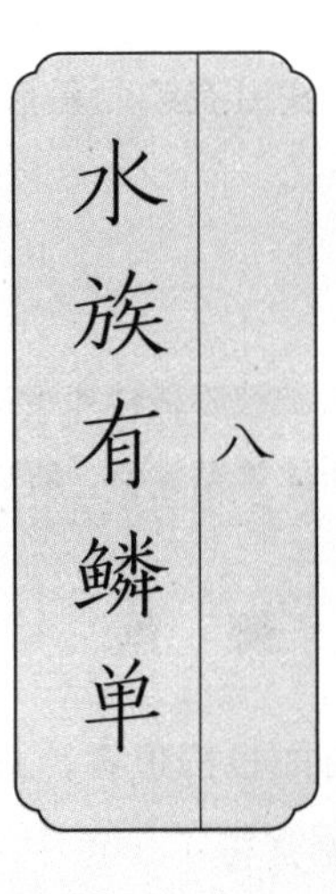

八 水族有鳞单

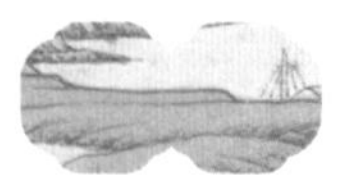

鱼皆去鳞，惟鲥鱼不去。我道有鳞而鱼形始全。作《水族有鳞单》。

【译文】

只要是鱼类都要把鳞片去掉，唯独鲥鱼不用去鳞的。我觉得有鳞的鱼才算是完整。所以这里作了《水族有鳞单》。

鲫　鱼

鲫鱼先要善买。择其扁身而带白色者，其肉嫩而松；熟后一提，肉即卸骨而下。黑脊浑身者，崛强槎丫，鱼中之喇子[①]也，断不可食。照边鱼蒸法，最佳。其次煎吃亦妙。拆肉下可以作羹。通州[②]人能煨之，骨尾俱酥，号“酥鱼”，利小儿食。然总不如蒸食之得真味也。六合龙池出者，愈大愈嫩，亦奇。蒸时用酒不用水，稍稍用糖以起其鲜。以鱼之小大，酌量秋油、酒之多寡。

【注释】

① 喇（lǎ）子：原意是流氓无赖，这里指的是鱼类中的劣质品。

② 通州：常称作南通州，现今江苏省南通市一带。

鲫鱼

选自《金石昆虫草木状》明彩绘本（明）文俶　收藏于中国台北“中央图书馆”

《庄子·外物》中记载，相传庄子在干涸的车沟看到一条鲫鱼，鲫鱼请求庄子相救。庄子答应说去南方引水来救济，鲫鱼听后，生气地说：“等你从南方引水回来，只能在干鱼铺子里见到我了。”后来演变为成语“涸辙之鲋”。

鲤鱼

选自《金石昆虫草木状》明彩绘本（明）文俶　收藏于中国台北“中央图书馆”

其实在古代，鲤鱼很少被食用，反而是我国传统的吉祥物，因为在民间有一个“鲤鱼跳龙门”的传说，在《三秦记》中记载道：“江海鱼集龙门下，登者化龙；不登者，点额暴鳃。”说的就是鲤鱼跳过龙门后便会成为真龙。

【译文】

烹制鲫鱼首先要擅长买。选择其身体扁且带着白色的，它的肉质鲜嫩且松软；煮熟后轻轻一提，所有的肉便会脱骨落下来。黑脊圆身的鲫鱼，肉块僵硬且鱼刺多，是鲫鱼中的劣质品，千万不要食用。蒸鲫鱼的方法与蒸边鱼一样，味道是最好的。其次将鲫鱼用油煎着吃也很好。拆下的鱼肉还可以用来做羹。南通州人会把鲫鱼炖煮来吃，做出来的鱼骨、鱼尾都是酥软的，所以起名为“酥鱼”，很适合小孩子食用。但还是不如蒸着鲜美。六合龙池产的这种鱼，体积越大就越为鲜嫩，堪称一件奇事。蒸鱼时要用酒不用水，稍微加一点糖就可以提鲜。根据鱼的大小，适量加一些秋油、酒调味。

白　鱼[①]

白鱼肉最细。用糟鲥鱼同蒸之，最佳。或冬日微腌，加酒酿糟二日，亦佳。余在江中得网起活者，用酒蒸食，美不可言。糟之最佳。不可太久，久则肉木矣。

【注释】

① 白鱼：属于鲤科鱼类，因鱼身呈白色，所以俗称大白鱼。品种多样，味道鲜美，其鱼脑被认为是不可多得的滋补品。

【译文】

白鱼的肉质最细嫩。把糟鲥鱼与它一同蒸煮，口味是最好的。或者在冬天将鱼身稍微腌制一下，加入酒糟酿两天，味道也极好。我把江中用渔网捞起来的活白鱼，用酒蒸着来吃，口感妙不可言。这种鱼做成糟鱼是最好的。但时间绝对不能太长，否则鱼肉就会变得生硬而失去鲜味。

季　鱼[1]

季鱼少骨，炒片最佳。炒者以片薄为贵。用秋油细郁后，用纤粉、蛋清搂[2]之，入油锅炒，加作料炒之。油用素油。

【注释】

① 季鱼：又称鳜鱼，体高，侧扁，喜欢栖居在江河湖泊，属于淡水鱼。

② 搂：指的是将食材调拌。

【译文】

鳜鱼的刺很少，用来做炒鱼片是最好的。炒的时候，鱼片切得越薄越好。用秋油精细腌制以后，用芡粉、蛋清调和均匀，放入油锅中烹炒，再加入一些作料。油则要选用素油。

土步鱼[1]

杭州以土步鱼为上品。而金陵人贱之，目为[2]虎头蛇，可发一笑。肉最松嫩。煎之、煮之、蒸之俱可。加腌芥作汤、作羹，尤鲜。

鳜鱼

选自《金石昆虫草木状》明彩绘本 （明）文俶 收藏于中国台北“中央图书馆”

唐代诗人张志和的“西塞山前白鹭飞，桃花流水鳜鱼肥”就提到了鳜鱼，鳜鱼最有名的吃法是经过腌制而成的臭鳜鱼。

【注释】

① 土步鱼：又名沙鳢（lǐ），因其冬季会潜伏水底，依附土行走，所以得名。它的肉质白如银片，口感十分鲜嫩。

② 目为：看作。

【译文】

杭州的土步鱼被视作上等的美食佳品。但金陵人却看不上这种鱼，把它看作虎头蛇，真是太让人好笑了。这种鱼的肉质最松软细嫩。无论是煎、煮、蒸均可。加一些腌芥菜做汤、做羹，味道非常鲜美。

鱼 松

用青鱼、鲟鱼蒸熟，将肉拆下，放油锅中灼之，黄色，加盐花、葱、椒、瓜姜。冬日封瓶中，可以一月。

【译文】

把青鱼、鲟鱼蒸熟后，将其身体上的肉拆解下来，放到油锅中炸，炸至金黄色，然后加入盐花、葱、花椒、瓜姜。冬天的时候密封在瓶子里，可以保存一个月的时间。

青鱼

选自《金石昆虫草木状》明彩绘本 （明）文俶 收藏于中国台北“中央图书馆”

青鱼的鱼肉鲜嫩，可以糖醋、清蒸和红烧。相传，苏东坡初到黄州的时候，就十分喜欢鲜美的长江青鱼，还赋诗曰：“长江绕郭知鱼美，好竹连山觉笋香。”

《烟波渔乐图》

（元）唐棣　收藏于中国台北故宫博物院

画面中的渔夫在撒网捕鱼，岸边渔船上的妇女在做饭。因为渔船的烹饪条件有限，所以渔夫烹饪鱼的做法比较简单原始，通常只简单清洗干净和去除内脏后，加少量作料煮熟即可。

鱼　圆

用白鱼、青鱼活者，剖半钉板上，用刀刮下肉，留刺在板上。将肉斩化，用豆粉、猪油拌，将手搅之。放微微盐水，不用清酱，加葱、姜汁作团。成后，放滚水中煮熟撩起，冷水养之。临吃入鸡汤、紫菜滚。

【译文】

将活着的白鱼或青鱼，剖成两半，钉在砧板上，用刀把肉刮下来，只留鱼刺在砧板上。然后将鱼肉剁成肉泥，加入豆粉、猪油调和，用手搅拌均匀。放少量的盐水，不用放清酱，加葱、姜汁做成团。做好后，把它们放入滚水中煮熟捞起，再放入冷水中存放起来。等到要吃的时候，加入鸡汤、紫菜滚煮就可以了。

鱼　片

取青鱼、季鱼片，秋油郁之，加纤粉、蛋清，起油锅炮炒，用小盘盛起，加葱、椒、瓜姜，极多不过六两，太多则火气不透。

【译文】

准备青鱼、鳜鱼片，用秋油腌制一下，加入芡粉、蛋清，放入油锅爆炒，用小盘子盛出来，加入葱、花椒、瓜姜，鱼片最多不得超过六两，如果太多就会导致火力难透。

清代十鱼菜盘
收藏于美国芝加哥博物馆

中国捕鱼的历史最少有八千年，在渔网还没有发明之前，君王要想吃鱼，大臣会将河水抽干，然后捉鱼献给君王，这就是“竭泽而渔”的典故。

连鱼[①]豆腐

用大连鱼煎熟，加豆腐，喷酱、水、葱、酒滚之，俟汤色半红起锅，其头味尤美。此杭州菜也。用酱多少，须相鱼而行。

【注释】

① 连鱼：即鲢鱼，以浮游动物为食物，性活泼。肉质鲜嫩，适合养殖，是我国著名的“四大家鱼”之一。

【译文】

将大鲢鱼煎熟后，加入豆腐，喷上酱、水、葱、酒滚煮，等到汤汁的颜色呈现半红时起锅，鱼头的味道尤为鲜美。这是一道杭州名菜。所用酱的多少，要根据鱼的体积大小而定。

街头卖煎豆腐

选自《清代民间生活图集》水彩画　佚名

宋代赞宁在《物类相感志》中提道：“豆油煎豆腐，有味。”

醋搂鱼

用活青鱼切大块，油灼之，加酱、醋、酒喷之，汤多为妙。俟熟即速起锅。此物杭州西湖上五柳居最有名。而今则酱臭而鱼败矣。甚矣！宋嫂鱼羹，徒存虚名。《梦粱录》[①]不足信也。鱼不可大，大则味不入；不可小，小则刺多。

【注释】

① 《梦粱录》：南宋时期的吴自牧所著。书中记录了南宋都城临安的风貌，包含山川建筑、杂耍玩艺、节日风俗等。

【译文】

将活着的青鱼切成大块，用油煎炸，放入酱、醋、酒喷洒，汤越多口感越好。等鱼煮熟后立刻起锅。这道菜要属杭州西湖上的五柳居烹制的最为有名。而今却因为酱臭，连鱼也做得失败了。实在是太可惜了！都说宋嫂鱼羹好，却也只剩下一个虚名了。《梦粱录》中所记载的内容不足以让人相信。做这道菜的鱼不能太大，因为太大就没那么容易入味；但也不可以太小，因为太小鱼刺就多了。

《坡仙笠屐图》
（近代）张大千

苏轼和佛印是好朋友。相传有一天，苏轼正要吃西湖醋鱼的时候，恰好佛印来访，苏轼知道佛印也爱吃鱼，就把鱼藏到书架故意试他。不料，佛印一进门就看到书架上的鱼，并用巧妙的语言戳穿了苏轼的把戏。

《鲤图》

（清）佚名　收藏于美国哈佛大学福格美术馆

相传，古代将书信放入鲤鱼形状的木板中用来送信，称为“鱼传尺素”。汉乐府诗《饮马长城窟行》中提道：“客从远方来，遗我双鲤鱼。呼儿烹鲤鱼，中有尺素书。”

银　鱼

银鱼起水时，名冰鲜。加鸡汤、火腿汤煨之。或炒食甚嫩。干者泡软，用酱水炒亦妙。

【译文】

银鱼刚从水中捞出来的时候，名为冰鲜。可以加入鸡汤、火腿汤煨煮。或者直接炒着吃也很鲜嫩。银鱼干泡软后，用酱水来烹炒也很好。

台　鲞

台鲞好丑不一。出台州松门者为佳，肉软而鲜肥。生时拆之，便可当作小菜，不必煮食也。用鲜肉同煨，须肉烂时放鲞。否则，鲞消化不见矣。冻之即为鲞冻。绍兴人法也。

【译文】

台鲞的品质参差不齐。台州松门出产的台鲞质地最好，其肉软嫩且鲜肥。生的时候把肉拆解下来，就可以直接当小菜食用，根本不必煮食着吃。与鲜肉一起煨煮的时候，必须要等肉煮烂的时候再将鲞放进去。否则，鲞就会被煮得没有形状了。将鲞煮熟后冷冻起来就成了鲞冻。这是绍兴人的吃法。

卧冰求鲤

选自《二十四孝图》册 （清）王素

晋代王祥早年丧母，继母对他很刻薄。一年冬天，继母染了重病，需要喝新鲜鲤鱼煮的汤才行。但天气寒冷，地面已经结冰，无法捕鱼。王祥一番思索后，赤身仰卧在冰面上，试图用体温融化冰面。不一会儿，冰面渐渐消融，从裂缝跃出两条大鲤鱼，继母吃后，身体果然好转。

糟鲞

冬日用大鲤鱼，腌而干之，入酒糟，置坛中，封口。夏日食之。不可烧酒作泡。用烧酒者，不无辣味。

【译文】

冬天把大鲤鱼腌制后，将其风干，放入酒糟，然后放进坛子里，密封好坛口。到夏天就可以吃了。切记不可以用烧酒浸泡。因为如果用烧酒浸泡，鱼肉就会产生辛辣味。

虾子勒鲞[1]

夏日选白净带子勒鲞，放水中一日，泡去盐味，太阳晒干。入锅油煎，一面黄取起，以一面未黄者铺上虾子，放盘中，加白糖蒸之，以一炷香为度。三伏日食之绝妙。

【注释】

① 勒鲞：指的是腌制风干后的鳓鱼。

【译文】

夏天选用白净带鱼子的鳓鱼干，将其放在水中浸泡一整天，把咸涩味去除，然后在太阳底下晒干。将其放入锅中用油煎炸，一面煎至金黄时出锅，在另一面没有黄的地方铺上一层虾子，然后装在盘中，加上白糖蒸煮，以一炷香的时间为准。这道菜在三伏天的时候吃最好。

鱼　脯

活青鱼去头尾，斩小方块，盐腌透，风干，入锅油煎。加作料收卤，再炒芝麻滚拌起锅。苏州法也。

涌泉跃鲤

选自《二十四孝图》册　（清）王素

东汉姜诗的妻子庞氏十分孝顺，每天往返离家十多里的长江，为婆婆取来她爱喝的长江水和鱼。有一次风大，庞氏取水晚归，姜诗以为其怠慢母亲，将之逐出家门。庞氏只好寄身邻家，还将织布所得的积蓄托邻居送到家中。姜诗的母亲知道后，赶紧迎回了庞氏。这时院中突然涌出一泓泉水，每天还从泉中跃出鲤鱼。从此，庞氏再也不用来回奔波了。

《琴高乘鲤图》

（清）冷枚　收藏于大英博物馆

传说有个叫琴高的人，深谙长生之术。一日，他跟众弟子说要入涿水捉鲤鱼，还与弟子们约好日期。到了那天，琴高果真乘鲤归来，岸上等候的众弟子纷纷跪拜迎接。

【译文】

将活着的青鱼去掉头部和尾部，然后切成小方块状，用盐腌制透以后，风干，放入锅中用油煎。然后加作料收汁，放入炒芝麻趁热搅拌后起锅。这是苏州人常用的一种烹制方法。

家常煎鱼

家常煎鱼，须要耐性。将鲜鱼洗净，切块盐腌，压扁，入油中两面熯[①]黄，多加酒、秋油，文火慢慢滚之，然后收汤作卤，使作料之味全入鱼中。第[②]此法指鱼之不活者而言。如活者，又以速起锅为妙。

【注释】

① 熯（hàn）：用油煎烤。

② 第：但是。

【译文】

做家常煎鱼的时候，必须有耐心。先将鲜鱼清洗干净，切成块后用盐腌制，再将鱼身压扁，放入油锅中两面煎黄，可以多加一些酒、秋油，用小火慢慢炖煮，然后把汤汁收干作成卤，这样能使作料的味道全都渗透进鱼肉之中。但是这种做法是针对那些不新鲜的鱼类而行的。如果是活鱼的话，则应快速起锅为最好。

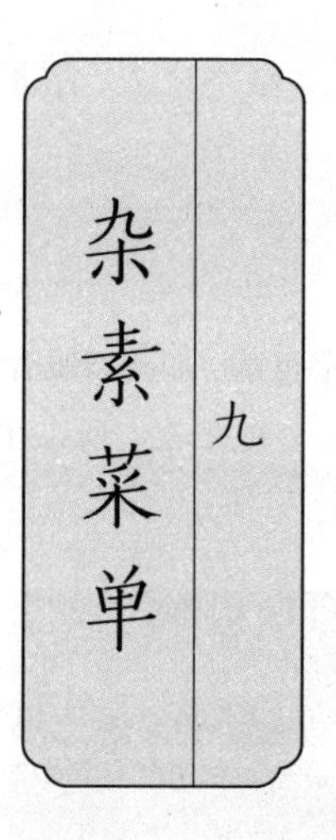
九
杂素菜单

菜有荤素，犹衣有表里也。富贵之人，嗜素甚于嗜荤。作《素菜单》。

【译文】

菜品有荤有素，如同衣服有表面和里面一样。富贵人家，喜欢吃素菜胜过吃荤菜。所以在这里作了《素菜单》。

《梁武帝半身像》轴
佚名　收藏于中国台北故宫博物院

梁武帝萧衍信奉佛教，不仅自己终身吃素，还作了《断酒肉文》，请法师讲解《涅槃经》中的“食肉者，断大慈种”等文章，要求僧人不许吃鱼肉。在此之前，佛门并无一定要吃素的说法。

蒋侍郎豆腐

豆腐两面去皮，每块切成十六片，晾干。用猪油熬，清烟起才下豆腐，略洒盐花一撮，翻身后，用好甜酒一茶杯，大虾米一百二十个。如无大虾米，用小虾米三百个。先将虾米滚泡一个时辰，秋油一小杯，再滚一回，加糖一撮，再滚一回，用细葱半寸许长，一百二十段，缓缓起锅。

【译文】

将豆腐的两面去皮，每块切成十六片，晾干。用猪油烧成热锅，看到起清烟了再下入豆腐，略微洒上一小撮盐花，然后把豆腐翻个身，放入上好的一茶杯甜酒，一百二十个大虾米。如果没有大虾米的话，也可以用三百个小虾米。先将虾米在热水中泡上一个时辰，再用一小杯秋油，在锅中用热油滚炒一回，加入一撮糖，再用热油滚炒一回，放入半寸长左右的细葱，共一百二十段，最后缓慢起锅即可。

卖豆腐

选自《清国京城市景风俗图》册

（清）佚名　收藏于法国国家图书馆

豆腐早在西汉就逐渐被人们食用，可以用来拌、煮、卤、扒、煎、炒、炸等。

杨中丞豆腐

用嫩豆腐，煮去豆气，入鸡汤，同鳆鱼片滚数刻，加糟油、香蕈起锅。鸡汁须浓，鱼片要薄。

【译文】

选用嫩豆腐，用水煮去豆子的腥味，然后放入鸡汤，与鳆鱼片一起滚煮片刻后，加入糟油、香菇起锅。鸡汁必须浓郁一些，鱼片也要切得薄薄的。

《卖浆图》

（清）姚文瀚　收藏于中国台北故宫博物院

画面描绘的是市集卖浆的场景。古代的卖浆人有卖豆浆、茶水、酒水等。清代张应昌在《湖州豆腐》中记载："吴兴卖浆儿，煮豆妙天下……入喉如入孔，泼泼水银泻。"指的就是豆腐浆。

程立万豆腐

乾隆廿三年，同金寿门在扬州程立万家食煎豆腐，精绝无双。其腐两面黄干，无丝毫卤汁，微有车螯[①]鲜味。然盘中并无车螯及他杂物也。次日告查宣门，查曰："我能之！我当特请。"已而，同杭堇浦同食于查家，则上箸大笑，乃纯是鸡、雀脑为之，并非真豆腐，肥腻难耐矣。其费十倍于程，而味远不及也。惜其时余以妹丧急归，不及向程求方。程逾年亡。至今悔之。仍存其名，以俟再访。

【注释】

① 车螯（áo）：蛤的一种。肉、壳都可以入药，为海味珍品。

【译文】

乾隆二十三年，我和金寿门一起去扬州程立万家中吃煎豆腐，那味道堪称独一无二。其豆腐的两面颜色金黄，干得不带一点卤汁，稍微还有一些车螯的鲜味。然而盘中并没有车螯和其他杂七杂八的配菜。第二天我告诉了查宣门，查说："我就会做这道菜！到时候请你们一定来品尝。"不久之后，我和杭堇浦一起去查家吃饭，刚用筷子一夹我就哈哈大笑，原来这道菜全部都是用鸡、雀脑做的，并非真的豆腐，肥腻得让人难以忍受。这道菜所花的费用比程家高出了十倍，但味道却远远不及程家的做法。可惜当时我因为妹妹过世了，急着要赶回家奔丧，所以就没来得及向程家请教豆腐的烹饪方法。过了一年，程立方就去世了。我至今都在后悔。现在我只好先保存这道菜的名称，等有机会的时候再去寻访它的烹饪方法。

蓬蒿菜①

取蒿尖，用油灼瘪，放鸡汤中滚之，起时加松菌②百枚。

【注释】

① 蓬蒿菜：即茼蒿的茎叶，又名茼蒿菜。鲜香嫩脆，营养丰富。

② 松菌：又称松口蘑，既可食用，又可药用。

卖豆腐脑儿
选自《清国京城市景风俗图》册
（清）佚名　收藏于法国国家图书馆

豆腐脑细嫩鲜美，清代王孟英在《随息居饮食谱》中记载："豆腐，以青、黄大豆，清泉细磨，生榨取浆，入锅点成后，软而活者胜。点成不压则尤软，为腐花，亦曰腐脑。"

【译文】

将蓬蒿菜最嫩的嫩尖，下到油锅里烹炒干瘪，再加入鸡汤滚煮，待起锅的时候加入一百个松菌。

豆　芽

豆芽柔脆，余颇爱之。炒须熟烂，作料之味，才能融洽。可配燕窝，以柔配柔，以白配白故也。然以极贱而陪极贵，人多嗤之。不知惟巢、由正可陪尧、舜耳。

【译文】

豆芽柔软脆嫩，我非常喜欢。炒豆芽必须要炒熟炒烂，这样作料的味道，才能融进去。豆芽可以配燕窝，这是以柔配柔，以白配白的缘故。但是用极便宜的东西去配极昂贵的食材，很多人都会讥笑这种做法。但他们不知道只有像巢父、许由这样的隐士才能真正配得上尧、舜这样的明君啊！

茭　白①

茭白炒肉、炒鸡俱可。切整段，酱、醋炙之，尤佳。煨肉亦佳。须切片，以寸为度，初出太细者无味。

【注释】

① 茭（jiāo）白：一种常见的水生植物，其营养丰富，美味鲜脆。

《雪影渔人图》轴

项圣谟（明）　收藏于故宫博物院

为了保证冬天能吃上蔬菜，古人栽培了众多耐冻的蔬菜，例如薹心矮菜、矮黄、大白头、小白头、夏菘等。

【译文】

茭白用来炒肉、炒鸡都是可以的。将茭白切成一整段，放入酱、醋清炒，口感非常好。茭白用来煨肉也很不错。但必须先将它切成片，以一寸长为标准，刚长出来的细嫩茭白是没什么味道的。

青　菜

青菜择嫩者，笋炒之。夏日芥末拌，加微醋，可以醒胃。加火腿片，可以作汤。亦须现拔者才软。

【译文】

选择最嫩的青菜，将它们与竹笋一起煸炒。夏天的时候用芥末进行凉拌，稍微加上一点醋，可以开胃。加入火腿片，也可以用来做汤。但必须是刚拔出来的青菜才够软嫩。

薹　菜

炒薹菜心最懦[1]，剥去外皮，入蘑菇、新笋做汤。炒食加虾肉，亦佳。

【注释】

① 懦：这里指的是质地鲜嫩，柔软。

【译文】

炒薹菜的菜心是最鲜嫩柔软的，可以先剥去薹菜的外皮，放入蘑菇、新笋做成汤来食用。若是炒菜可以加入虾肉，做出来的口感也极好。

瓢儿菜[1]

炒瓢菜心，以干鲜无汤为贵。雪压后更软。王孟亭太守家，制之最精。不加别物，宜用荤油。

【注释】

① 瓢儿菜：一种蔬菜名。其叶片为近圆形，呈黑绿色，味甜鲜美。

【译文】

炒瓢儿菜的菜心时，以干鲜且没有汤汁的标准为最难能可贵。被雪压过后烹炒则更为软嫩。这道菜要属王孟亭太守家做得最精致地道。不用加别的东西，最好用荤油炒。

朱元璋像

选自《历代帝后像》轴　佚名　收藏于中国台北故宫博物院

朱元璋年少家贫，父母双亡后，只能剃度当和尚化缘。一次朱元璋饿昏在街上，一位好心的老婆婆把他救回家中，把仅有的豆腐和菠菜放入剩米汤中熬煮，喂给他吃。朱元璋问这道菜叫什么，老婆婆笑着说叫作“珍珠翡翠白玉汤”。

东方朔像

选自《历代帝王圣贤名臣大儒遗像》册（清）佚名　收藏于法国国家图书馆

东方朔所著的《七谏》中有“饮菌若之朝露兮，构桂木而为室。”其中的菌就是蘑菇。

菠　菜

菠菜肥嫩，加酱水、豆腐煮之。杭人名“金镶白玉板”是也。如此种菜虽瘦而肥，可不必再加笋尖、香蕈。

【译文】

菠菜质地肥嫩，可以加酱水、豆腐一起煮着吃。杭州人常说的“金镶白玉板”指的就是这道菜。菠菜虽然看起来瘦弱细长，但是叶片是很肥嫩的，所以不需要再加笋尖、香菇了。

蘑　菇

蘑菇不止做汤，炒食亦佳。但口蘑最易藏沙，更易受霉，须藏之得法，制之得宜。鸡腿蘑便易收拾，亦复讨好。

【译文】

蘑菇不仅可以做汤，炒着吃也很好。但口蘑里面最容易夹藏沙泥，还容易受霉变质，所以必须储存妥当，烹制得当。鸡腿蘑比较容易收拾，也容易做出美味的佳肴。

松　菌

松菌加口蘑炒最佳。或单用秋油泡食，亦妙。惟不便久留耳，置各菜中，俱能助鲜。可入燕窝作底垫，以其嫩也。

【译文】

炒松菌的时候加入口蘑是最好的。或者只用秋油浸泡一下就可以吃，口感也极好。只是松菌不能存放太长时间，把它放入其他菜肴中，都能起到提鲜的作用。还可以放入燕窝作为垫底，因为它比较细嫩软滑。

《北溟图》（部分）
（明）周臣　收藏于美国纳尔逊－埃特金斯美术馆

画面描绘的是庄子《逍遥游》中的画面。《逍遥游》中有一句“朝菌不知晦朔，蟪蛄不知春秋”，其中的“朝菌”是一种朝生暮死的菌类，指其寿命很短。

面筋[1]二法

一法面筋入油锅炙枯，再用鸡汤、蘑菇清煨。一法不炙，用水泡，切条入浓鸡汁炒之，加冬笋、天花。章淮树观察家，制之最精。上盘时宜毛撕[2]，不宜光切。加虾米泡汁，甜酱炒之，甚佳。

【注释】

① 面筋：把面粉加水调和，洗去其中的淀粉，剩下凝结成团的蛋白质就称为面筋。

② 毛撕：粗略撕开。

【译文】

一种吃法是先将面筋放入油锅炸至干瘪，再与鸡汤、蘑菇放在一起清汤煨煮。一种方法是不炸，先将面筋用水浸泡，然后切成条状放入浓鸡汁中煸炒，加入冬笋、天花菜。章淮树观察家做这道菜是最地道精致的。上盘的时候最好用手撕开面筋，不应只用刀切。如果加入一些虾米泡汁，和甜酱一起煸炒，口感也是极好的。

吴太祖孙权像

选自《历代帝王图》卷　（唐）阎立本\原作
此为摹本　收藏于美国波士顿美术馆

相传，曹操攻打孙权时，派人偷偷划破孙权粮草车的顶盖，导致雨水渗入，面粉发酸变了味。孙权查看后，发现用水洗浸的面团，变成另一种可以食用且筋道的食物，便称其为面筋。

茄二法

吴小谷广文家，将整茄子削皮，滚水泡去苦汁，猪油炙之。炙时须待泡水干后，用甜酱水干煨，甚佳。卢八太爷家，切茄作小块，不去皮，入油灼微黄，加秋油炮炒，亦佳。是二法者，俱学之而未尽其妙。惟蒸烂划开，用麻油、米醋拌，则夏间亦颇可食。或煨干作脯，置盘中。

【译文】

吴小谷广文家，将整个茄子削去皮，然后用开水泡掉茄子中的苦汁，用猪油将茄子煎炸一番。在煎炸之前须将泡在水里的茄子晾干，再用甜酱水干煨一下，这种做法非常好。卢八太爷家，则将茄子切成小块，不削去皮，直接放入油锅里煎至微黄，加入秋油爆炒，口感也很不错。这两种做法，我都亲身学过，但并没有掌握其中的精髓。只好将茄子蒸烂后划开，再用麻油、米醋进行调拌，这道菜在夏天吃也颇为合适。或者可以将茄子烧干做成茄脯，直接放置在盘子里。

熙凤踏雪

选自《十二金钗图》册　（清）费丹旭　收藏于故宫博物院

《红楼梦》中，刘姥姥在大观园宴会吃了一道名为“茄鲞”的菜，王熙凤详细描述了这道菜的做法：“你把才下来的茄子把皮劖了，只要净肉，切成碎丁子，用鸡油炸了，再用鸡脯子肉并香菌、新笋、蘑菇、五香腐干、各色干果子，俱切成钉子，用鸡汤煨干，将香油一收，外加糟油一拌，盛在瓷罐子里封严，要吃时拿出来，用炒的鸡瓜一拌就是了。”

芋 羹

芋性柔腻，入荤入素俱可。或切碎作鸭羹，或煨肉，或同豆腐加酱水煨。徐兆璜明府家，选小芋子，入嫩鸡煨汤，妙极！惜其制法未传。大抵只用作料，不用水。

【译文】

芋头的特性是非常柔软细腻的，不管做荤菜还是做素菜都可以。或者将其切碎做成鸭羹，或者和肉一起煨煮，或者与豆腐一起加入酱水煨煮。徐兆璜明府家，挑选小芋子，与细嫩的鸡肉一起煨煮成汤，口感极佳！只可惜这种烹饪技法最终没有流传下来。我想可能是只用了作料，没有放水。

《金鼎和羹图》

（清）改琦　收藏于美国弗利尔美术馆

和羹指的是用不同调味品制作而成的羹汤。后用来比喻大臣辅佐君王治理国家。

豆腐皮

将腐皮泡软，加秋油、醋、虾米拌之，宜于夏日。蒋侍郎家入海参用，颇妙。加紫菜、虾肉作汤，亦相宜。或用蘑菇、笋煨清汤，亦佳。以烂为度。芜湖敬修和尚，将腐皮卷筒切段，油中微炙，入蘑菇煨烂，极佳。不可加鸡汤。

【译文】

把豆腐皮在水中泡软，加上适量的秋油、醋、虾米凉拌，很适合在夏季食用。蒋侍郎家在豆腐皮中加入了海参，味道很好。加紫菜、虾肉做成汤，也很合适。或者与蘑菇、笋一起煨清汤，也是很不错的。以豆腐皮煮烂为标准。芜湖敬修和尚，将豆腐皮卷成筒后切成段，放入油锅中稍微炸一下，再放入蘑菇一同煨烂，味道极好。但不可加入鸡汤。

芋煨白菜

芋煨极烂，入白菜心，烹之，加酱水调和，家常菜之最佳者。惟白菜须新摘肥嫩者，色青则老，摘久则枯。

【译文】

把芋头煨至软烂，放入白菜心，一同烹煮，加入一些酱水调和，就成了最好的家常菜。只是白菜要用新摘下的才肥嫩，颜色青的便老了，摘下时间久了叶片就会干枯。

卖白菜

选自《清国京城市景风俗图》册 （清）佚名 收藏于法国国家图书馆

《南齐书·周颙传》中记载，文惠太子问周颙，“菜食何味最胜？”周颙回答道：“春初早韭，秋末晚菘。”其中的“菘”指的就是白菜。

香珠豆

毛豆至八九月间晚收者，最阔大而嫩，号“香珠豆”。煮熟以秋油、酒泡之。出壳可，带壳亦可，香软可爱。寻常之豆，不可食也。

【译文】

八九月间晚收的毛豆，豆粒最大而且鲜嫩，被称为“香珠豆”。煮熟后用秋油、酒浸泡即成。去壳吃可以，带壳吃也可以，香软可口。平常的普通豆子，是不能吃的。

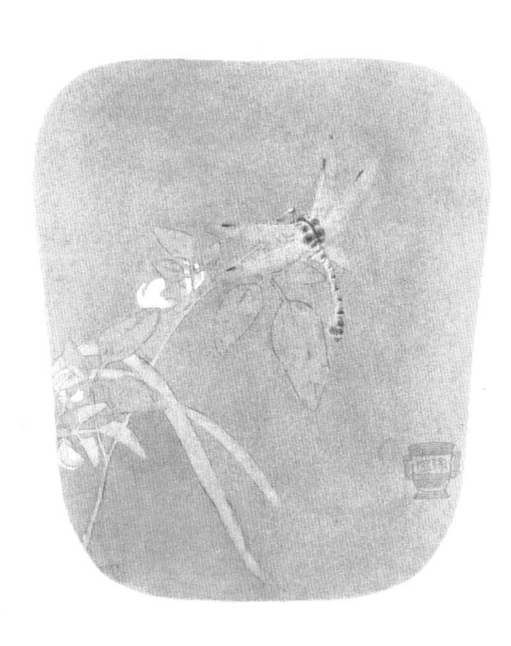

《豆荚蜻蜓图》

（南宋）佚名 收藏于故宫博物院

豆荚指的是豆科植物的果实，因为毛豆的豆荚上有毛，故得此名。

问政笋丝

问政笋，即杭州笋也。徽州[1]人送者，多是淡笋干，只好泡烂切丝，用鸡肉汤煨用。龚司马取秋油煮笋，烘干上桌，徽人食之，惊为异味。余笑其如梦之方醒也。

【注释】

① 徽州：现今安徽省黄山市。

【译文】

所谓问政笋，说的就是杭州笋。徽州人喜欢把它当作礼物送给朋友，大多都是淡笋干，最好用水泡软后切成细丝，

笋

选自《本草图谱》 ［日］岩崎灌园
收藏于日本东京国立国会图书馆

古人吃笋的历史最早记载于《诗经·大雅·韩奕》："韩侯出祖，出宿于屠。显父饯之，清酒百壶。其肴维何？炰鳖鲜鱼。其蔌维何？维笋及蒲。"当时的嫩笋属上等蔬菜。

再用鸡肉汤一起炖煮着来食用。龚司马善于用秋油来煮笋，然后用火烘干后直接上桌，徽州人吃了以后，纷纷惊叹此菜的味道鲜美奇特。我笑他们简直是如梦方醒一样。

炒鸡腿蘑菇

芜湖大庵和尚，洗净鸡腿，蘑菇去沙，加秋油、酒炒熟，盛盘宴客，甚佳。

【译文】

芜湖大庵里的和尚，把鸡腿清洗干净，去掉蘑菇中的泥沙，加入秋油、酒炒熟，然后盛到盘中宴请宾客，吃起来的口感很不错。

小菜单
十

小菜佐食，如府史胥徒[①]佐六官[②]也。醒脾解浊，全在于斯。作《小菜单》。

【注释】

① 府史胥徒：指的是位于公、卿、大夫等职位之下，负责办理各种杂事的官府衙役。

② 六官：出自《周礼》中的六官制度，又被称为六卿，分别为：天官冢宰、地官司徒、春官宗伯、夏官司马、秋官司寇、冬官司空。

老子像

选自《人物图》册 （清）任熊
收藏于广州美术馆

老子是道家学派创始人，所著的《道德经》中曾提道："治大国，若烹小鲜。"意思是治理大国就跟烹调美味的小菜一样，自有其中的章法和技巧，不能过多地人为干预。

【译文】

小菜是用来佐食的，这就好像官府中的小吏和衙役们辅佐六官一样。能够醒脾去浊，小菜的作用全体现在了这里。因此特别作了《小菜单》。

笋 脯

笋脯出处最多，以家园所烘为第一。取鲜笋加盐煮熟，上篮烘之。须昼夜环看，稍火不旺则溲[1]矣。用清酱者，色微黑。春笋、冬笋皆可为之。

【注释】

① 溲（sōu）：同“馊”。指的是饭菜变质发出的一种酸臭味。

【译文】

出产笋脯的地方很多，其中要属我家园林中烘烤出来的笋脯为第一。取一些鲜笋加入盐上锅煮熟，再放到篮子里进行烘制。制作的时候需要日夜不停地来回看，如果火候稍有不旺就会直接导致变味变质。加入清酱的话，笋脯的颜色微黑。春笋、冬笋都可以用来制作笋脯。

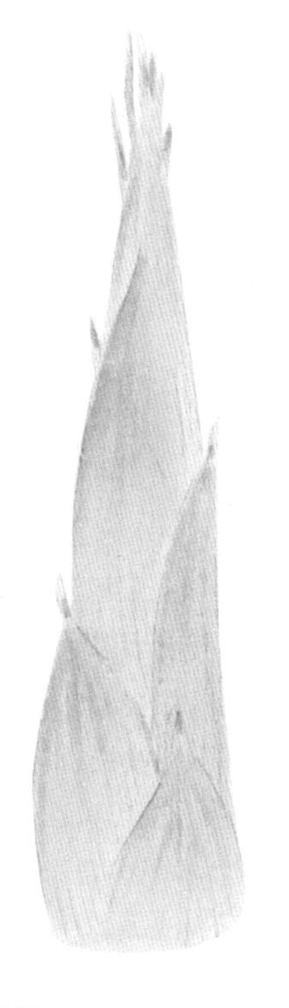

竹笋

选自《本草图谱》［日］岩崎灌园 收藏于日本东京国立国会图书馆

李绩所著的《本草》提道：“竹笋，味甘无毒，主消渴，利水道，益气，可久食。”说明笋不仅可以食用，还有助于养生。

天目笋

天目笋多在苏州发卖。其篓中盖面者最佳，下二寸便搀入老根硬节矣。须出重价，专买其盖面者数十条，如集狐成腋[①]之义。

【注释】

① 集狐成腋：当为成语“集腋成裘”。意思是狐狸腋下的皮虽然很小，但是积累起来就能制作成一件皮袍。比喻积少成多。腋，这里指狐狸腋下的毛皮。裘，皮衣。

【译文】

天目笋大多在苏州的市面上买卖。其中放在竹子篓最上层的最好，下二寸的地方便有可能会掺入一些老根硬节的笋。所以在购买的时候要出高价，专门买下那些在竹篓子面上的几十条才好，这就好比“集狐成腋”一样可以积少成多。

天目笋

选自《本草图谱》 ［日］岩崎灌园

收藏于日本东京国立国会图书馆

清代浙江西天目山的禅源寺香火鼎盛，其中寺院接待香客的主菜就有天目笋干。

玉兰片[①]

以冬笋烘片，微加蜜焉。苏州孙春杨家有盐、甜二种，以盐者为佳。

【注释】

① 玉兰片：以鲜嫩的冬笋或春笋制成的干制品，因其外形和色泽很像玉兰花的花瓣，故名玉兰片。口味清淡，极脆。

【译文】

烘烤冬笋片的时候，可以略微加上一些蜂蜜。苏州孙春杨家的冬笋片有咸、甜两种口味，其中咸味冬笋片的口感是最好的。

哭竹生笋

选自《二十四孝图》册（清）王素

孟宗是三国时期吴国大臣，少时父亡，与母亲相依为命。相传有一天，孟宗的母亲得了重病，只有喝鲜笋汤才能治好。时值冬季，根本没有鲜笋，孟宗只好扶竹大哭。他的孝心感动上天，地上突然长出许多鲜笋，母亲喝完笋汤后，果然痊愈了。

芦笋

选自《百花画谱》 ［日］毛利梅园 收藏于日本东京国立国会图书馆

芦笋是芦苇的嫩芽，苏东坡在《惠崇春江晚景》中描述道："竹外桃花三两枝，春江水暖鸭先知。蒌蒿满地芦芽短，正是河豚欲上时。"

素火腿

处州[1]笋脯，号"素火腿"，即处片也。久之太硬，不如买毛笋自烘之为妙。

【注释】

① 处州：现今浙江省丽水市。

【译文】

处州生产的笋脯，素来有"素火腿"的美誉，也被称为处片。放的时间久了就会变得生硬，还不如买毛笋自己来烘制为好。

宣城笋脯

宣城[1]笋尖，色黑而肥，与天目笋大同小异，极佳。

【注释】

① 宣城：现今安徽省宣城市。

【译文】

宣城所生产的笋尖，颜色暗黑且肥厚，烹饪的方法与天目笋没有什么区别，口感也非常好。

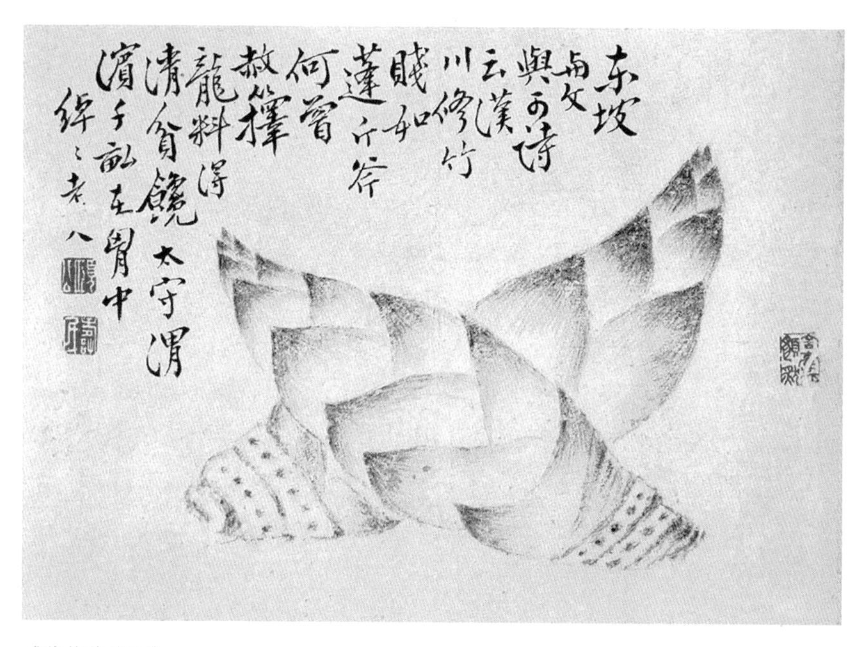

《菱笋菱菇图》

（清）边寿民

清代袁枚追求食物的鲜美，他在《随园诗话》中说，菱笋一经采摘，一个小时后就会变味，无法再食用。

人参笋

制细笋如人参形，微加蜜水。扬州人重之，故价颇贵。

【译文】

将细嫩的笋做成人参的形状，稍微加上一点蜂蜜水。扬州人特别看重这种笋，因此这种笋的价格很昂贵。

蜜蜂采蜜

选自《诗经名物图解》册 ［日］细井徇 收藏于日本东京国立国会图书馆

明代唐寅所写的《落花诗》中提道："衔蜂蜜熟香粘白，梁燕巢成湿补红。"

笋　油

笋十斤，蒸一日一夜，穿通其节，铺板上，如作豆腐法，上加一板压而榨之，使汁水流出，加炒盐一两，便是笋油。其笋晒干仍可作脯。天台僧制以送人。

【译文】

选取竹笋十斤，上蒸锅蒸上一天一夜，然后穿通好笋节，将它们平铺在木板上，用制作豆腐的方法，在鲜笋的上面加一块木板将其榨干，这样可以使笋汁流出来，再加上一两炒盐，就是笋油了。而笋晒干后还可以做成笋脯。天台僧人经常制作这种笋脯送人。

竹笋

选自《本草图谱》［日］岩崎灌园　收藏于日本东京国立国会图书馆

竹笋榨成汁就成了笋油，可用来提鲜调味，功能相当于味精。

香干菜

春芥心风干，取梗淡腌，晒干，加酒，加糖，加秋油，拌后再加蒸之，风干入瓶。

【译文】

将春天长出的芥菜芯风干，摘取梗用盐腌制一下，然后晒干，加酒，加糖，加秋油，搅拌后放入蒸锅里蒸煮，等风干后就可以装入瓶中。

冬　芥

冬芥名雪里红。一法整腌，以淡为佳；一法取心风干，斩碎，腌入瓶中，熟后杂鱼羹中，极鲜。或用醋煨，入锅中作辣菜亦可，煮鳗、煮鲫鱼最佳。

【译文】

冬芥的别名叫雪里蕻。一种做法是将整棵菜直接腌制，口感力求清淡最好；另一种方法是将其中的菜芯风干，切碎，放到瓶子中腌制好，腌后将其掺入鱼肉羹中，吃起来是极其鲜美的。或者可以用醋来煨煮，放入锅中做成辣菜也行，烹煮鳗鱼、鲫鱼时是最好吃的。

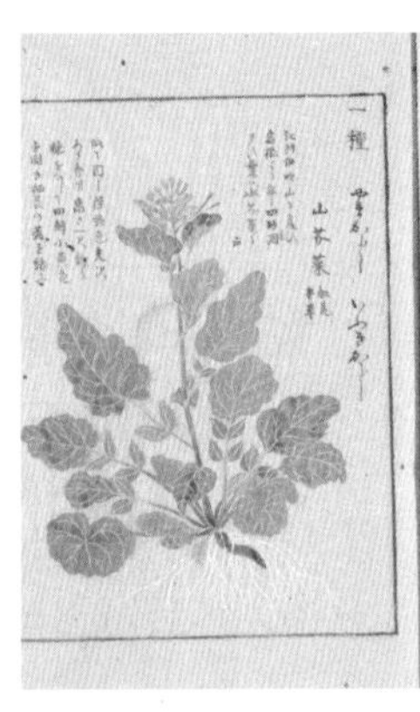

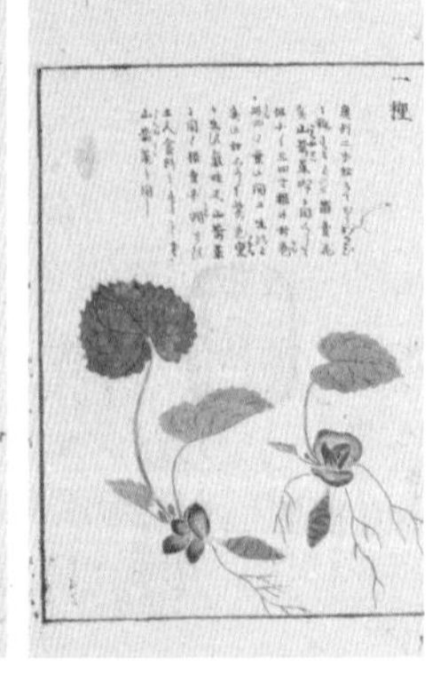

芥菜

选自《本草图谱》　［日］岩崎灌园　收藏于日本东京国立国会图书馆

芥菜非常辣，用它的种子磨成粉状，就是“芥末”。《礼记·内则》中记载道：“脍，春用葱，秋用芥。”指的是秋天吃生鱼片要蘸着芥末吃。

风瘪菜

将冬菜[①]取心风干，腌后榨出卤，小瓶装之，泥封其口，倒放灰上。夏食之，其色黄，其臭[②]香。

【注释】

① 冬菜：一种由大白菜或芥菜等腌制而成的食品，多用于汤料或炒菜，营养丰富，味道鲜美。

② 臭：这里指气味。

【译文】

将冬菜的菜芯取出风干，腌制后榨出卤汁，装入小瓶中，用泥封住瓶口，倒放在灰上。到夏天吃的时候，颜色是黄的，气味是清香的。

清代翠玉白菜
收藏于中国台北故宫博物院

这是由一块半灰白半翠绿的玉石雕刻而成，绿色部分为菜叶，灰白部位为菜帮，寓意清白。白菜的含水量很高，可以促进消化。醋熘白菜和白菜炖粉条都是常见的家常菜做法。

糟　菜

取腌过风瘪菜，以菜叶包之，每一小包，铺一面香糟，重叠放坛内。取食时，开包食之，糟不沾菜，而菜得糟味。

【译文】

选取腌制过的风瘪菜，将其用菜叶子包好，每一个小包上面，都铺上一层喷香的酒糟，层层重叠放在坛子里。等到食用的时候，打开小包取出菜，酒糟不会沾在菜上，但菜已经沾上了酒糟的香味。

萝　卜

萝卜取肥大者，酱一二日即吃，甜脆可爱。有侯尼能制为鲞，煎片如蝴蝶，长至丈许，连翩不断，亦一奇也。承恩寺有卖者，用醋为之，以陈为妙。

陶潜葛巾滤酒

选自《六逸图》册（唐）陆曜　收藏于故宫博物院

酒糟是酿酒后剩下的渣滓。《陶渊明传》中记载，陶渊明用头巾过滤酒的残渣后，再戴回头上，可见其嗜酒如痴。

萝卜

选自《本草图谱》 ［日］岩崎灌园
收藏于日本东京国立国会图书馆

相传“赤壁之战”后，曹操兵败欲逃往荆州。一路上天气炎热，将士饥渴难耐，幸亏道旁有一大片萝卜地，将士用萝卜解渴充饥，这才挽救了士气。后来这块田被称为“救曹田”。

【译文】

选取最为肥大的萝卜，用酱料腌制一两天就可以吃了，其口感甜脆可口。有侯尼能将萝卜制作成干菜，煎出来的萝卜样子如同蝴蝶一般，至少能够拉长到一丈多，每一片都能彼此接连而不间断，实在是一大奇观。承恩寺也有卖萝卜的，都是用醋腌制的，时间越长越好。

乳　腐①

乳腐，以苏州温将军庙前者为佳，黑色而味鲜，有干、湿二种。有虾子腐亦鲜，微嫌腥耳。广西白乳腐最佳。王库官司家制亦妙。

【注释】

① 乳腐：即腐乳，中国传统民间美食，是将豆腐发酵腌制后加工的豆制品。品种有红腐乳、青腐乳、白腐乳等，既可以单独食用，也可以作为调料品。

【译文】

乳腐，以苏州温将军庙前卖得为最好，颜色虽黑却味道鲜香，分为干、湿两种。有一种虾子乳腐也很鲜美，但多少还是有点腥气。广西的白乳腐是最好的。王库官司家制作这道菜也非常好。

虾子鱼

虾子鱼出苏州。小鱼生而有子。生时烹食之，较美于鲞。

【译文】

虾子鱼产自苏州。小鱼从生出来体内就带有鱼子。生的时候烹煮食用，其口感要比吃鱼干还鲜美。

酱　瓜

将瓜腌后，风干入酱，如酱姜之法。不难其甜，而难其脆。杭州施鲁箴家，制之最佳。据云：酱后晒干又酱，故皮薄而皱，上口脆。

【译文】

将黄瓜腌制好以后，自然风干放入酱料中，与制作酱姜的方法是一样的。想让酱瓜发甜不难，难的是能够让它吃起来爽脆。杭州施鲁箴家的酱瓜，制作的味道最好。据说：他是将瓜酱腌制后晒干再腌制一次，因此皮薄且起了褶皱，吃起来爽脆可口。

腌　蛋

腌蛋以高邮为佳，颜色红而油多。高文端公最喜食之。席间先夹取以敬客。放盘中，总宜切开带壳，黄、白兼用；不可存黄去白，使味不全，油亦走散。

《清德宗光绪帝载湉读书像》
佚名

清代李元伯在《南亭笔记》里记载，光绪帝喜欢吃鸡蛋，内务府知道后，低价买进鸡蛋，再高价“卖给”皇帝，将原本卖两文钱一个的鸡蛋报价为三十两一个，借此大肆贪污。光是鸡蛋一项，一年就要花费大笔银子。

【译文】

腌蛋以高邮产的堪称佳品，其颜色红润而且油多。是高文端公最喜欢吃的一道小菜。在酒席上总会先夹取一些来招待宾客。这道小菜放在盘中，最适宜的吃法是带着壳一起切开，然后连同蛋黄和蛋白一起吃；吃的时候千万不要只留下蛋黄而去掉蛋白，这样味道就不完整了，而且蛋黄里的油也很容易流失掉。

混　套

将鸡蛋外壳微敲一小洞，将清、黄倒出，去黄用清，加浓鸡卤煨就者拌入，用箸打良久，使之融化。仍装入蛋壳中，上用纸封好，饭锅蒸熟，剥去外壳，仍浑然一鸡卵。此味极鲜。

【译文】

把鸡蛋的外壳轻轻敲出一个小洞，然后将蛋清、蛋黄倒出来，去掉蛋黄保留蛋清，然后用煨好的浓鸡汤混合拌入，用筷子长时间搅拌，使得鸡汁与蛋清能够充分融合。然后重新装回蛋壳里，用纸将其密封好，放到饭锅蒸至熟透，剥去外壳，显露出的外形仍旧像是一个完整的鸡蛋。味道极其鲜美。

高麗洋布
鮑仁太號毛尖旗鎗龍井細茶舖
仁太號
白玉膏
清寧齋

十一 点心单

梁昭明以点心为小食[①]，郑傪嫂劝叔“且点心”[②]，由来旧矣。作《点心单》。

【注释】

① 梁昭明以点心为小食：出自《梁书·昭明太子统传》：“普通中，大军北讨，京师谷贵，太子因命菲衣减膳，改常馔为小食。”梁昭明，即萧统，南朝梁武帝萧衍的长子，谥昭明。他喜好读书，主持编纂了大型诗文总集《文选》。

② 郑傪（cān）嫂劝叔“且点心”：出自吴曾《能改斋漫录》卷二《事始·点心》：“唐郑傪为江淮留后，家人备夫人晨馔，夫人顾其弟曰：‘治妆未毕，我未及餐，尔且可点心。’”据此可知唐代的早餐小食已经被称为点心了。

昭明太子像

选自《古圣贤像传略》清刊本　（清）顾沅\辑录，（清）孔莲卿\绘

昭明太子是梁武帝萧衍的长子萧统，他曾带着一批御厨去扬州研究饮食，将点心称为小吃。

【译文】

南朝梁昭明太子喜欢把点心当成小吃来食用，唐朝郑傪的夫人劝小叔子暂且吃一些点心来充饥，可见点心的由来历史深远。所以我作了《点心单》。

小吃食摊

选自《苏州市景商业图》册　（清）佚名　收藏于法国国家图书馆

图中是明末清初时苏州城热闹繁华的景象，画中的小吃食摊、应时果铺种类繁多。

鳗面

大鳗一条蒸烂，拆肉去骨，和入面中，入鸡汤清揉之，擀成面皮，小刀划成细条，入鸡汁、火腿汁、蘑菇汁滚。

【译文】

将一条大鳗鱼蒸烂，拆肉去骨，和入面粉，加入适量的鸡汤揉至均匀，随后擀成面皮，用小刀切成细条状，再加入鸡汁、火腿汁、蘑菇汁一起滚煮。

麦

选自《诗经名物图解》册 ［日］细井徇 收藏于日本东京国立国会图书馆

白面是由小麦磨成的粉状物，可制作馒头、面条等食物，至今已有数千年的历史。

后苑观麦

选自《帝鉴图说》法文外销画绘本 （明）佚名
收藏于法国国家图书馆

宋仁宗重视农业，命人在后苑空地种上麦子。每当麦子成熟时，宋仁宗会亲自去看人割麦，为的是了解农作物的生长情况，感受农民的辛劳。

耧车

选自《中国自然历史绘画》 佚名

古代农具，用来播种谷物。由耧辕、耧斗、耧腿、耧把等构成，可播种大麦、小麦、大豆等。

温　面

将细面下汤沥干，放碗中，用鸡肉、香蕈浓卤，临吃，各自取瓢加上。

【译文】

将细面条下入汤中再沥干，放入碗中，用鸡肉、香菇熬制成浓郁的卤汁，临到吃的时候，各自取一瓢浇在面上就可以了。

鳝　面

熬鳝成卤，加面再滚。此杭州法。

【译文】

把鳝鱼肉熬成卤汁，然后加入面条用滚水煮开。这是杭州的制作方法。

裙带面

以小刀截面成条，微宽，则号“裙带面”。大概作面，总以汤多为佳，在碗中望不见面为妙。宁使食毕再加，以便引人入胜。此法扬州盛行，恰甚有道理。

【译文】

用小刀将面切成条状，稍微宽一些，这种面被称为“裙带面”。通常煮面的时候，大家总觉得汤多才好，放入碗中也以看不见面为佳。宁愿吃完了再加一些，以此能更好地提升味觉。这种制作方法在扬州很流行，确实很有一番道理。

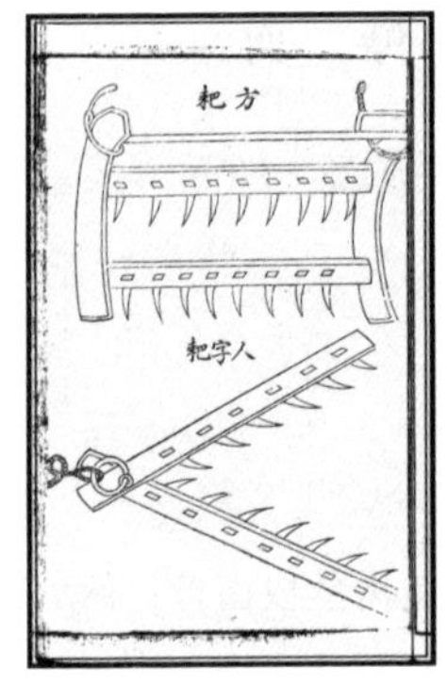

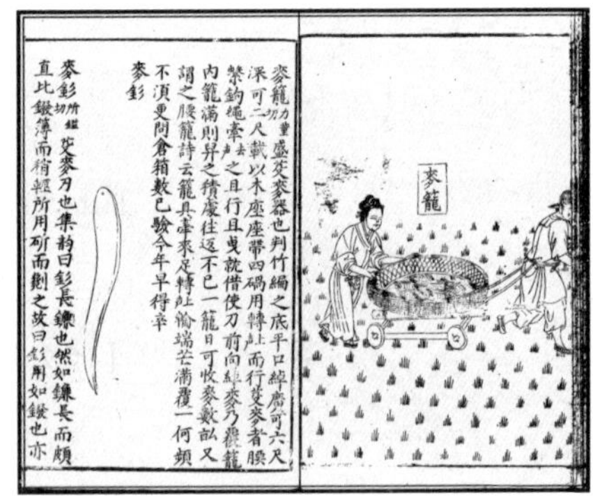

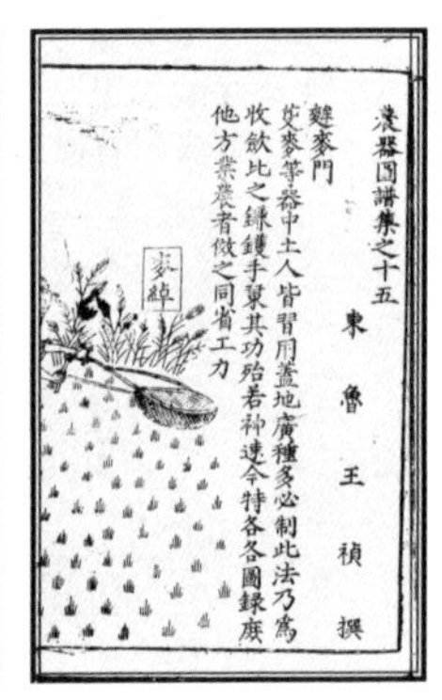

方耙和人字耙

选自《农书》明刊本（元）王祯

古代农具，耙是一个长方形或人字形的木框，上面装着耙齿，用来翻地碎土。

麦钐、麦笼、麦绰

选自《农书》明刊本　（元）王祯

麦钐、麦笼、麦绰是一组用来收麦的联合工具。麦钐是装在麦绰柄上的一个刀片；麦笼则呈簸箕状，用来盛装麦子；麦绰用来聚拢麦秸。

烧　饼

用松子、胡桃仁敲碎，加糖屑、脂油，和面炙之，以两面熯黄为度，而加芝麻。扣儿[①]会做，面罗[②]至四五次，则白如雪矣。须用两面锅，上下放火，得奶酥更佳。

【注释】

① 扣儿：也叫“叩儿”。是袁枚的家厨。

② 罗：用罗筛选粉面或者谷物之类。

【译文】

把松子、胡桃仁敲碎，加入糖末、猪油，和入面里一起煎烤，烤至两面都呈金黄为止，再撒上一些芝麻。我家的厨师扣儿非常擅长做烧饼，每次都要把面筛上四五次，这样筛出来的面洁白如雪。做的时候要选用两面锅，上下都要加热，如果再加上奶酥就更好了。

卖烧饼

选自《清国京城市景风俗图》册　（清）佚名　收藏于法国国家图书馆

北魏贾思勰的《齐民要术》中，提到烧饼的做法：“作烧饼法：面一斗，羊肉二斤，葱白一合，豉汁及盐，熬令熟。炙之，面当令起。髓饼法：以髓脂、蜜，合和面。厚四五分，广六七寸。便著胡饼炉中，令熟。勿令反覆。饼肥美，可经久。”

卖馒头
选自《清国京城市景风俗图》册
（清）佚名　收藏于法国国家图书馆

《清宫档案》记载过一件奇事。咸丰年间，有个卖馒头的小孩叫王库，他偶然得到一块可以出入皇宫的腰牌，于是天天在宫里卖馒头。两年后被咸丰帝发现，王库才被赶出宫，但此时卖馒头挣的钱已经让他成为富翁了。

千层馒头

杨参戎家制馒头，其白如雪，揭之如有千层。金陵人不能也。其法扬州得半，常州、无锡亦得其半。

【译文】

杨参戎家制作的馒头，颜色洁白如雪，掰开后仿佛有千层。金陵人制作的馒头就做不到这点。这种制作方法一半来自扬州；另一半则出自常州、无锡。

水粉[①]汤圆

用水粉和作汤圆，滑腻异常。中用松仁、核桃、猪油、糖作馅，或嫩肉去筋丝捶烂，加葱末、秋油作馅亦可。作水粉法，以糯米浸水中一日夜，带水磨之，用布盛接，布下加灰，以去其渣，取细粉晒干用。

【注释】

① 水粉：指的是水磨糯米粉。

清代粉彩像生瓷果品盘
收藏于故宫博物院

果品盘中由螃蟹、核桃、红枣、荔枝、石榴、花生、莲子、瓜子等组成。螃蟹寓意科举殿试第一；荔枝象征长寿；核桃、石榴象征多子多福；而枣、花生、瓜子等则寓意“早生贵子”。

【译文】

用水磨糯米粉制作出来的汤圆，口感非常滑腻。里面放入松仁、核桃、猪油、糖来作馅料，或者将嫩肉去除筋丝后捶烂，再加入葱末、秋油调制成馅也可以。制作水磨糯米粉的方法，首先要将糯米在水中浸泡一天一夜，然后把带着水的糯米进行研磨，底下再用纱布盛着浆水，纱布下面放上一层柴灰，可以去除里面的残渣，把细粉晒干以后就可以拿来用了。

脂油糕

用纯糯粉拌脂油，放盘中蒸熟，加冰糖捶碎，入粉中，蒸好用刀切开。

【译文】

在纯正的糯米粉中拌上猪油，放在盘中上锅蒸熟，加入冰糖捶碎，放入糯米粉，待粉蒸好后用刀切开。

百果糕

杭州北关外卖者最佳。以粉糯，多松仁、胡桃，而不放橙丁者为妙。其甜处非蜜非糖，可暂可久。家中不能得其法。

《花卉蜂蝶图》

（清）沈振麟　收藏于故宫博物院

唐代医家甄权在《药性论》中记载，蜂蜜常服面如花红。相传，唐玄宗的女儿永乐公主早年皮肤比较干瘪，喝了三年的桐花蜜泡茶后，变得明艳动人。

【译文】

杭州北关外卖的百果糕最好吃。以米粉软糯，多放入松仁、胡桃，而且不放橙皮丁为最好。吃起来的甜味既不像蜂蜜也不像糖，可现吃也可放一段时间再吃。我家还不能掌握这种制作方法。

芋粉团

磨芋粉晒干，和米粉用之。朝天宫道士制芋粉团，野鸡馅，极佳。

【译文】

将芋头磨成粉后晒干，和着米粉一起食用。朝天宫道士制作的芋粉团，用野鸡肉作为馅料，口感是极好的。

射粉团

选自《端阳故事图》册（清）徐扬　收藏于故宫博物院

图上所题的是："射粉团，唐宫中造粉团角黍饤盘中，以小弓射之，中者得食。"粉团是用糯米制成，外面裹上一层芝麻，然后油炸而成的食物。

杨中丞西洋饼

用鸡蛋清和飞面作稠水，放碗中。打铜夹剪一把，头上作饼形，如蝶大，上下两面，铜合缝处不到一分。生烈火烘铜夹，撩稠水，一糊一夹一熯，顷刻成饼。白如雪，明如绵纸，微加冰糖、松仁屑子。

【译文】

将鸡蛋清和精面粉调和在一起制成面糊，放入碗中。打造一把特制的铜夹剪，头的部位做成饼的形状，大概如蝴蝶一般大，上下两面，两块铜的接缝处相距不到一分。用烈火烘烤铜夹，捞起一些面糊，面糊经过一夹一烤，不一会儿工夫就成饼了。其色如白雪，透亮得如同绵纸，稍微加上一点冰糖、松仁碎末就可以吃了。

作酥饼法

冷定脂油一碗，开水一碗，先将油同水搅匀，入生面，尽揉要软，如擀饼一样，外用蒸熟面入脂油，合作一处，不要硬了。然后将生面做团子，如核桃大。将熟面亦作团子，略小一晕[①]。再将熟面团子包在生面团子中，擀成长饼，长可八寸，宽二三寸许。然后折叠如碗样，包上穰[②]子。

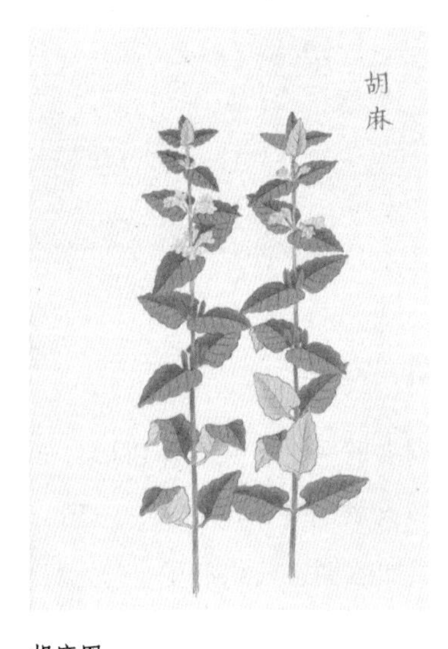

胡麻图

选自《庶物类纂图翼》日本江户时期绘本 ［日］户田祐之 收藏于日本内阁文库

东汉时期，胡麻饼已经非常普及，《续汉书》中记载道："灵帝好胡饼，京师贵戚皆竞食胡饼。"到了唐代，胡麻饼的口味丰富起来，《唐语林》中记载："时豪家食次，起羊肉一斤，层布于巨饼，隔中以豉鼓，润以酥，入炉迫之，候肉半熟食之，呼为古楼子。"指的是在胡麻饼中放入羊肉。

【注释】

① 晕：圆，圈。

② 穰（ráng）：同"瓤"，即瓜果之肉，一般有很多汁液。

【译文】

用一碗冷冻过的猪油，一碗开水，先将猪油和水一起搅拌均匀，然后倒入一些生面，充分揉搓至松软，就像擀饼的方法一样，另外蒸熟的面要放入一些猪油，将两者混合在一起搓揉，千万不要太硬了。然后将生面做成小面团子，体积如核桃一般大小。将熟面也做成团子，体积则略微小上一圈。然后将熟面团子包在生面团子里面，擀成长饼，长度可至八寸，宽两三寸。然后将它们折叠成碗的样子，包上果肉的馅料。

扬州洪府粽子

洪府制粽，取顶高[1]糯米，捡其完善长白者，去共半颗、散碎者。淘之极熟，用大箬[2]叶裹之，中放好火腿一大块，封锅闷煨一日一夜，柴薪不断。食之滑腻温柔，肉与米化。或云：即用火腿肥者斩碎，散置米中。

【注释】

① 顶高：上好的。

② 箬（ruò）：一种竹子，叶子又宽又大，可以编制成竹笠。箬叶可以用来包粽子。

【译文】

洪府制作粽子，选取的都是上等的糯米，从中选出米粒长、色泽白的糯米，去掉其中半颗、散碎的糯米。经过细致淘洗后，用大箬叶包裹起来，中间放上一大块上好的火腿，放入锅中封好焖煮上一天一夜，保持灶下的柴火不熄。这样的粽子吃起来口感清香滑腻，肉和米入口即化。还有人说：也可以把肥一些的火腿剁碎，将它们散乱地放在糯米中。

裹角黍

选自《端阳故事图》册　（清）徐扬　收藏于故宫博物院

图上所题的是："以菰叶裹粘米为角黍，取阴阳包裹之义，以赞时也。"角黍，即粽子。吃粽子是端午节的重要习俗之一，粽子的做法多种多样，大体上分为咸粽和甜粽两大类。

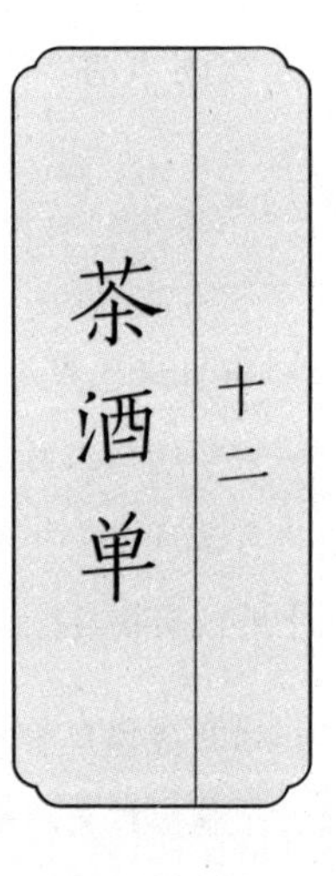

十二 茶酒单

七碗生风[①]，一杯忘世[②]，非饮用六清[③]不可。作《茶酒单》。

【注释】

① 七碗生风：出自唐代卢仝所写的《走笔谢孟谏议寄新茶》："一碗喉吻润，两碗破孤闷……七碗吃不得也，唯觉两腋习习清风生。"后世用"两腋风生"形容人们在品尝到上好的茶饮后，有种轻逸欲飞的感觉。

② 一杯忘世：出自唐代白居易所写的《诏下》："更倾一尊歌一曲，不独忘世兼忘身。"意思是喝下一杯酒，可以忘掉尘世间的烦恼。

③ 六清：出自《周礼·天官·膳夫》："膳用六牲，饮用六清。"六清是古人常喝的六种饮品。即水、浆、醴（lǐ）、（liáng）、医、酏（yǐ）。

【译文】

喝上七碗茶觉得两腋风生，喝上一杯好茶能忘却世间一切烦恼，若是饮品则非六清莫属。所以我作了《茶酒单》。

《茗茶待品图》

（清）任伯年　收藏于中国美术馆

唐代诗人卢仝酷爱喝茶，被尊称为“茶仙”，写下著名的《走笔谢孟谏议寄新茶》：“一碗喉吻润，二碗破孤闷。三碗搜枯肠，惟有文字五千卷。四碗发轻汗，平生不平事，尽向毛孔散。五碗肌骨清，六碗通仙灵。七碗吃不得也，唯觉两腋习习清风生。蓬莱山，在何处？玉川子，乘此清风欲归去。”

茶

欲治好茶，先藏好水。水求中泠[①]、惠泉[②]。人家中何能置驿而办[③]？然天泉水、雪水，力能藏之。水新则味辣，陈则味甘。尝尽天下之茶，以武夷山顶所生，冲开白色者为第一。然入贡尚不能多，况民间乎？其次，莫如龙井。清明前者，号“莲心”，太觉味淡，以多用为妙；雨前最好，一旗一枪[④]，绿如碧玉。收法须用小纸包，每包四两，放石灰坛中，过十日则换石灰，上用纸盖扎住，否则气出而色味全变矣。烹时用武火，用穿心罐，一滚便泡，滚久则水味变矣。停滚再泡，则叶浮矣。一泡便饮，用盖掩之，则味又变矣。此中消息，间不容发[⑤]也。山西裴中丞尝谓人曰：“余昨日过随园，才吃一杯好茶。”呜呼！公山西人也，能为此言，而我见士大夫生长杭州，一入宦场便吃熬茶，其苦如药，其色如血。此不过肠肥脑满之人吃槟榔[⑥]法也。俗矣！除吾乡龙井外，余以为可饮者，胪列[⑦]于后。

【注释】

① 中泠：指的是中泠泉，位于江苏省镇江市金山寺外，素有“天下第一泉”的美誉。古人用中泠泉的水沏茶，口感清香宜人。

② 惠泉：指的是惠山泉，位于江苏省无锡市惠山区。被称为“天下第二泉”。

③ 置驿而办：这里指在泉水边设置驿站，方便取水送水。

④ 一旗一枪：指的是叶子幼嫩的茶叶。

清代茶具

清代茶具品种众多，质地有瓷、陶、金、银、铜、漆、玉等。茶壶属康熙和乾隆时期最为繁盛。其中瓷茶具以江西景德镇为最佳，紫砂壶以江苏宜兴为最佳，所以有“景瓷宜陶”的说法。

清代宜兴胎画珐琅五彩四季花卉壶

清代宜兴胎画珐琅提梁壶

清代宜兴胎画珐琅花果茶碗

清代珐琅彩仕女四艺图茶壶

清代宜兴陶釉茶碗

⑤ 间不容发：指的是两物之间距离极小，小到容不下一根头发。

⑥ 槟榔：棕榈科常绿乔木，富含多种微量元素，可食用可入药，但不宜多吃。

⑦ 胪（lú）列：陈列。

【译文】

要想泡出上等好茶，就要先储存好上等的水。好水要以中泠、惠泉之水为最佳。普通人家又怎么可能为这件事设置驿站来专门运水呢？然而天然的泉水、雪水，还是要尽可能储藏一些。刚取出来的水味道辣，储存时间久了就会变得甘甜。我尝遍了天下所有的茶叶，觉得武夷山顶所产的，那种冲泡后呈白色的茶为第一。然而这种茶就连进贡的数量都不多，民间又怎能轻易喝得到呢？其次，则非龙井茶莫属了。

清明前采摘下来的，叫作“莲心”，这种茶的味道较为清淡，适宜多放一些茶叶才好；谷雨前采摘的茶叶是最好的，一个嫩芽一个叶，颜色绿得犹如碧玉。收藏的时候最好用小纸包，每包裹上四两茶叶，将它们一起放入石灰坛中，每过十天就要换一回石灰，坛口用纸盖压紧扎好，否则就会跑气导致颜色和味道变质。煮茶的时候要使用旺火，并用穿心罐，水烧开以后就即刻冲泡，烧开的时间长了茶就会变味。若是水没有烧开就泡，茶叶就会浮在水面上。如果刚泡上就喝，用盖子盖紧杯子，茶的味道就又变了。这里面的关键，就是在冲泡的时候不可以有任何差错。山西裴中丞曾对身边的人说：“我昨天经过随园，才真正品上了一杯好茶。”唉！身为山西人的裴中丞，都说出了这样的话，而我看见土生土长的杭州士大夫，一进入官场就喝起了煮茶，那味道苦得像药一样，颜色红得像血一样。这不过是那些肠肥脑满之人吃槟榔的方法。实在是太俗气了！除了我家乡的龙井水以外，我认为其他可饮之茶，都应该排在后面。

《惠山茶会图》

（明）文徵明　收藏于故宫博物院

画面描绘的是文徵明与众多好友在无锡惠山品茶的场景，有的人围井而坐，有的人在林间散步，有的人在观看煮茶。而惠山泉水质优良，被“茶圣”陆羽列为“天下第二泉”。

武夷茶

余向不喜武夷茶，嫌其浓苦如饮药。然丙午秋，余游武夷到曼亭峰[①]、天游寺[②]诸处。僧道争以茶献。杯小如胡桃，壶小如香橼[③]，每斟无一两。上口不忍遽[④]咽，先嗅其香，再试其味，徐徐咀嚼而体贴[⑤]之。果然清芬扑鼻，舌有余甘。一杯之后，再试一二杯，令人释躁平矜[⑥]，怡情悦性。始觉龙井虽清而味薄矣；阳羡虽佳而韵逊矣。颇有玉与水晶，品格不同之故。故武夷享天下盛名，真乃不忝[⑦]。且可以瀹[⑧]至三次，而其味犹未尽。

【注释】

① 曼亭峰：即幔亭峰，现今福建省武夷山市大王峰北侧。相传武夷君经常在这里设幔亭举行宴会，所以取名“幔亭峰”。

② 天游寺：幔亭峰上的一座寺庙。

③ 香橼（yuán）：芸香科植物，又名枸橼，果皮呈淡黄色，既粗糙又难剥离。可制作广药化橘红。

④ 遽（jù）：急速，仓促。

⑤ 体贴：这里指的是亲自体验和品尝。

⑥ 释躁平矜：意思是心平气和的样子。

⑦ 不忝（tiǎn）：不愧。

⑧ 瀹（yuè）：这里是煮茶的意思。

【译文】

我一向不喜欢喝武夷茶，嫌它有一股浓重的苦味，就像喝药一样。然而丙午年的秋天，我游览到武夷山的幔亭峰、天游寺等地。那里的僧人和道士都热情地用武夷茶来招待宾客。他们用的杯子如胡桃一般大小，茶壶也小得像香橼果，每杯茶的茶量不到一两。入口的时候都不忍心马上咽下去，而是先闻一闻茶的香气，再品一品茶的味道，最后再慢慢咀嚼和体会其中的茶韵。果然清香扑鼻，舌头也留有甘甜。一杯茶喝完后，再喝上一两杯，让人心平气和，精神也轻松愉悦了。这时候才觉得龙井茶虽然清新但味道单薄了些；阳羡茶虽然口感好但韵味稍有逊色。好比美玉与水晶作比较，品格各有不同一样。所以武夷山有享誉天下的盛名，真可谓是当之无愧啊！而且武夷茶的茶叶即便是冲泡了三次，味道也是意犹未尽。

《烹茶洗砚图》

（清）钱慧安　收藏于上海博物馆

武夷茶有一种称法为“大红袍”。相传，明代一名举子上京赶考，路过武夷山时突然腹痛难忍。这时天心永乐禅寺的和尚让他喝下一碗茶，没想到肚子立马就不疼了。这个举子考中状元后，去寺庙答谢和尚，并亲自到茶丛，焚香礼拜，他把身后的红袍脱下披在茶树上，所以武夷茶又有“大红袍”别称。

龙井茶

杭州山茶，处处皆清，不过以龙井为最耳。每还乡上冢[①]，见管坟人家送一杯茶，水清茶绿，富贵人所不能吃者也。

《煮茶图》

（近代）张大千

唐代诗人卢仝在《走笔谢孟谏议寄新茶》中提道：“天子须尝阳羡茶，百草不敢先开花。”阳羡茶是唐代的珍贵贡品。

【注释】

① 冢：坟墓。

【译文】

杭州有一种山茶，处处都散发着一股清新的香气，不过还是以龙井茶为最好。每次回到家乡扫墓的时候，管理坟墓的人家都会送上一杯茶来，其水清茶绿，就连富贵人家都喝不到。

常州阳羡茶

阳羡茶，深碧色，形如雀舌，又如巨米。味较龙井略浓。

【译文】

阳羡茶，色泽呈深绿色，茶叶的形状犹如鸟雀的舌头，又好比大而饱满的米粒。味道要比龙井茶的口感更为浓郁一些。

酒

余性不近酒，故律[①]酒过严，转能深知酒味。今海内动行绍兴，然沧酒[②]之清，浔酒[③]之洌，川酒[④]之鲜，岂在绍兴下哉！大概酒似耆[⑤]老宿儒[⑥]，越陈越贵，以初开坛者为佳，谚所谓“酒头茶脚”[⑦]是也。炖法不及则凉，太过则老，近火则味变，须隔水炖，而谨塞其出气处才佳。取可饮者，开列于后。

《太白醉酒图》

（清）苏六朋　收藏于上海博物馆

李白既是诗仙也是酒仙，关于“酒”的诗篇多达二百余首。其中“花间一壶酒，独酌无相亲。举杯邀明月，对影成三人”广为世人传诵。

【注释】

① 律：控制，约束。

② 沧酒：河北沧州所出的名酒，最早可追溯到隋唐时期。其口感独特，清香甘洌，因酿造工艺繁复，所以价格昂贵。

③ 浔酒：产自浙江湖州南浔的一种黄酒，酒精度数比较低。其酒香浓郁，是南宋时期的贡酒。

④ 川酒：产自四川的白酒。其历史悠久，产量大，酒精度数较高。

⑤ 耆（qí）：本指六十岁以上的老人，后泛指老年人。

⑥ 宿儒：指的是年老而博学的读书人。

⑦ 酒头茶脚：俗语。意思是酒性轻，所以喝酒要从酒坛上部舀为最佳；茶性重，所以喝茶要喝经过两遍沏出的茶，而茶壶下面的茶，茶味会更浓。

清代酒具

清代的酒具集历代之大成，酒杯的质地有金银、珐琅、白玉、犀角等，不仅有使用价值，美观度也极高。另外，清代皇帝所用的酒具一般会有皇帝专属的颜色和纹饰，代表其身份地位。

清代犀角雕山水人物杯

高 15.2 厘米。

清代玛瑙杯

13.3 厘米 ×14.6 厘米。

清代景德镇窑盖雪红波涛杯

6.4 厘米 ×9.5 厘米。

清代犀角雕螭柄龙杯

10.2 厘米。

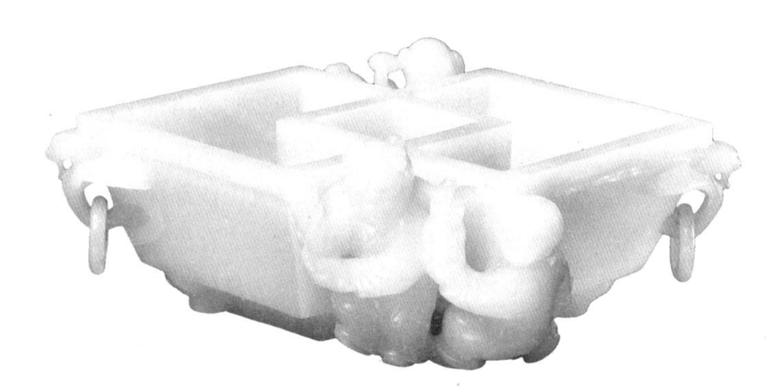

清代白玉婴戏杯

9.5 厘米 ×20.3 厘米。

清代软玉杯罩

7.1 厘米 ×11.4 厘米。

清代宜兴器紫砂莲花杯

5.0 厘米 ×8.3 厘米 ×7.3 厘米。

【译文】

我天性不善于饮酒，所以喝酒比较少，但这样反而能品出酒的好坏。现在全国各地都流行绍兴酒，然而沧酒的清醇，浔酒的香洌，川酒的鲜香，又怎能都排在绍兴酒之下呢！也许酒就像那些年老的饱学之士，存放时间越长就越显珍贵，喝的时候也以刚开坛的口感为最佳，正如谚语说的“酒头茶脚”那样。温酒的时间不够就会发凉，时间太长了就会变老，如果太靠近火会变味，必须隔着水来煮酒，而且要密封严实防止酒气挥散才好。现在选择一些值得一喝的酒，列在后面。

绍兴酒

绍兴酒，如清官廉吏，不参[①]一毫假，而其味方真。又如名士耆英，长留人间，阅尽世故，而其质愈厚。故绍兴酒，不过五年者不可饮，参水者亦不能过五年。余常称绍兴为名士，烧酒为光棍。

【注释】

① 参：同“掺”，是掺杂、夹杂的意思。

【译文】

绍兴酒，就好像廉洁的官吏一样，不掺杂一丝一毫的虚假成分，所以其酒味口感醇正。犹如德高望重的饱学名士，名垂千古，阅尽人情世故，其品质却越加醇厚。所以绍兴酒，不超过五年的绝对不能喝，倘若是酒中掺水则存放亦不能超过五年。我常说绍兴酒是酒中的名士，而烧酒就是酒中的光棍。

《饮酒读骚图》

（明）陈洪绶

“饮酒读骚”是魏晋南北朝时期重要的传统，“读骚”指的是熟读屈原的《离骚》。出自《世说新语·任诞》：“王孝伯言：名士不必须奇才，但使常得无事，痛饮酒，熟读《离骚》，便可称名士。”

《老莲画堂图》

（明）陈洪绶

陈洪绶，字章侯，号老莲，浙江绍兴人。他既喜欢作诗又喜欢作画，艺术生涯离不开酒，最爱饮绍兴酒。

湖州南浔酒

湖州南浔酒，味似绍兴，而清辣过之。亦以过三年者为佳。

【译文】

湖州南浔酒，味道与绍兴酒相似，但比它要略显清辣一些。这种酒以存放三年以上的口感最好。

请酒

选自《陶冶图》卷　（清）王致诚　收藏于中国香港海事博物馆

明代顾起元在《客座赘语》中提道："说者谓近日湖州南浔所酿，当为吴越第一。"

常州兰陵酒

唐诗有“兰陵美酒郁金香，玉碗盛来琥珀光”[1]之句。余过常州，相国[2]刘文定公饮以八年陈酒，果有琥珀之光。然味太浓厚，不复有清远之意矣。宜兴有蜀山酒，亦复相似。至于无锡酒，用天下第二泉所作，本是佳品，而被市井人[3]苟且为之，遂至浇淳散朴[4]，殊可惜也。据云有佳者，恰未曾饮过。

【注释】

① 兰陵美酒郁金香，玉碗盛来琥珀光：出自唐代诗人李白的《客中行》。兰陵美酒，产于山东省临沂市。据说始酿于商代，历史颇为悠久。

② 相国：古代官名，起源于春秋时代的晋国，是当时朝臣的最高职务。

③ 市井人：指的是商贾，做生意的人。

④ 浇淳散朴：意思是使纯朴的社会风气变得浮薄。这里指的是酒味变得不纯正。

【译文】

唐诗中素有“兰陵美酒郁金香，玉碗盛来琥珀光”的句子。我经过常州的时候，相国刘文定公用存放八年的陈酿招待了我，其酒色果然有琥珀的光彩。但是味道太过浓郁，不再有那种清远悠长的感觉。宜兴有一种蜀山酒，与刘家的这款酒相似。至于无锡酒，是用天下第二泉惠山泉的水酿制而成的，本应该喝起来口感极佳，但是常被一些做买卖的商人粗制滥造，以至于失去了其中醇正质朴的本性，实在是太可惜了。据说其中卖的也有好酒，只是我没有尝到过。

金华酒[1]

金华酒，有绍兴之清，无其涩；有女贞[2]之甜，无其俗。亦以陈者为佳。盖金华一路水清之故也。

《李清照像》
崔错（清）　收藏于广州美术馆

李清照是宋代著名女词人，她51岁时，来到浙江金华避难，寄居酒坊巷的一户人家中。在这里，爱上了喝金华酒。

【注释】

① 金华酒：古代浙江金华一带酿造的优质黄酒的总称，比如寿生酒、东阳酒、白字酒、桑落酒等。其酿造技艺独特，味道清洌甘醇，深受大众青睐。

② 女贞：指的是女贞酒，也是一种黄酒。药用价值高，被认为可以滋补肝肾、明目抗衰。

【译文】

金华酒，有绍兴酒清醇的口感，却没有它的涩味；有女贞酒的甘甜，却没有它的俗气。这种酒存放的时间越长越好。大概是金华一带水清的缘故吧。

山西汾酒

既吃烧酒[1]，以狠为佳。汾酒乃烧酒之至狠者。余谓烧酒者，人中之光棍，县中之酷吏也。打擂台，非光棍不可；除盗贼，非酷吏不可；驱风寒、消积滞，非烧酒不可。汾酒之下，山东膏粱烧[2]次之，能藏至十年，则酒色变绿，上口转甜，亦犹光棍做久，便无火气，殊可交也。尝见童二树家泡烧酒十斤，用枸杞[3]四两，苍术[4]二两，巴戟天[5]一两，布扎一月，开瓮甚香。如吃猪头、羊尾、“跳神肉”之类，非烧酒不可。亦各有所宜也。

此外如苏州之女贞、福贞、元燥，宣州之豆酒，通州之枣儿红，俱不入流品[6]；至不堪者，扬州之木瓜也，上口便俗。

【注释】

① 烧酒：指的是各种质地透明且无色的蒸馏酒，统称为白酒。

② 膏粱烧：即高粱烧，是采用高粱为主要原料，经过发酵酿造而成的酒。

③ 枸杞：茄科枸杞属植物，其种类繁多，如：中华枸杞、宁夏枸杞等。中药称其为枸杞子，有解热止渴的功效。

④ 苍术（zhú）：菊科苍术属草本植物，根茎可以作为中药材，有燥湿化浊的功效。

⑤ 巴戟天：茜草科巴戟天属植物，是一种名贵的中药材，有祛湿止痛的功效。

⑥ 流品：品类、等级。

【译文】

既然要喝烧酒，那就以度数偏高的酒最好。汾酒便是烧酒之中味道最烈的酒。在我看来，喝烧酒的人，好比人群中的光棍，县衙中里的酷吏。攻打擂台的时候，非光棍上不可；驱除盗贼的时候，非得是酷吏干不可；驱散风寒、消除体内的积滞，更是非烧酒莫属了。汾酒之下，山东的高粱烧次之，储存的时间达到十年后，酒色就会变为绿色，入口以后便会转为甜口，就好像当光棍的时间长了，身上的火气也没有了，才可以与人交朋友。我曾经看到童二树家用十斤的烧酒浸泡中药材，放入四两枸杞，二两苍术，一两巴戟天，然后用布扎好放入坛中泡一个月，开瓮的时候酒味甚浓。如果想吃猪头、羊尾、“跳神肉”之类的菜，那就非得烧酒不可。这也是各有所宜的道理。

杜牧像

选自《古圣贤像传略》清刊本　（清）顾沅\辑录，（清）孔莲卿\绘

汾酒产自山西省汾阳市杏花村，魏晋南北朝时，杏花村汾酒已是宫廷御酒。唐代诗人杜牧写下《清明》一诗：“清明时节雨纷纷，路上行人欲断魂。借问酒家何处有，牧童遥指杏花村。”

另外像是苏州的女贞酒、福贞酒、元燥酒，宣州的豆酒，南通州的枣儿红，都算不上什么入流的酒；最不入流的，要属扬州的木瓜酒，一口品来就觉得俗气。